내 아이의
공부 그릇을
키워라

내 아이의 공부 그릇을 키워라

초판 1쇄 인쇄 2024년 9월 5일
초판 1쇄 발행 2024년 9월 15일

지은이 김현정

대표·총괄기획 우세웅
책임편집 한흥
콘텐츠제작 김세경
북디자인 이유진

종이 페이퍼프라이스㈜
인쇄 ㈜다온피앤피

펴낸곳 슬로디미디어
출판등록 2017년 6월 13일 제25100-2017-000035호
주소 경기 고양시 덕양구 청초로 66, 덕은리버워크 A동 15층 18호
전화 02)493-7780 **팩스** 0303)3442-7780
홈페이지 slodymedia.modoo.at **이메일** wsw2525@gmail.com

ISBN 979-11-6785-223-6 (03590)

부모와 아이가 함께 성장하는 자기주도 공부 습관의 힘

내 아이의 공부 그릇을 키워라

김현정 지음

SEOLREM 설렘

추천사

우리 아이, 어떻게 하면 스스로 공부를 주도적으로 할 수 있을까? 모든 부모가 가장 알고 싶은, 간절히 답을 찾고 있는 질문이 아닐까 한다. 이 책에는 공부 그릇을 키우는 법, 공부 목적, 양육 태도, 공부 스타일 등 자기주도력을 키우는 공부 방법이 모두 담겨 있다. 이 한 권에 담긴 지혜를 모든 학부모님이 획득하시길 바라는 마음을 담아 추천한다.

비상교육 공부력 향상 프로그램 피어나다 서비스 총괄 책임 **최윤희**

초3 아이를 둔 워킹맘입니다. 매번 출퇴근 길에 유튜브로 육아 정보를 찾아 헤맸는데, 내 상황, 내 아이에 맞는 해답을 찾기가 참 어려웠어요. 이 책은 다양한 사례를 통해 자기주도학습 능력을 향상시킬 수 있도록 현실적인 조언을 해주었습니다. 자기주도력과 공부력을 키우는 노하우를 배울 수 있어 매우 좋았습니다. 강력 추천합니다.

sk넥실리스 선행개발 **김선화 매니저**

저자는 일본어 교육을 시작으로 끊임없는 열정과 자기학습을 통해 여러 분야에 적용해왔습니다. 이러한 풍부한 경험은 실제로 수강생의 자녀 교육법에도 선한 영향력을 주고 있습니다. 자녀 교육뿐 아니라 자녀와의 관계 설정에 어려움을 겪고 있는 분들에게 근원적으로 다시금 생각할 수 있게 하는 책입니다.

sk넥실리스 R&D기획 **서동환 매니저**

워킹맘도 내 아이를 공부의 주인으로, 인생의 주인으로 키울 수 있다는 자신감을 갖게 한 선물과도 같은 책. 20년 넘는 시간 동안 엄마이자 선생님으로 쌓아온 내공이 그대로 담겨 있어 마음속 숙제를 시원하게 풀이해줍니다.

sk넥실리스 박막솔루션개발 염정은 매니저

부모가 아이의 마음을 인정하고 긍정적으로 키워주는 실전 팁이 실려 있어서 좋았습니다. 아이의 자기주도학습 능력은 삶의 태도와도 연관이 깊음을 깨달았습니다. 아이 스스로 자신의 가치를 높일 수 있는 방법을 알려줍니다.

한국 폴리텍 대학 메카트로닉스과 정정윤 교수

아이를 공부시켜 좋은 대학을 보내기 위해서만이 아니라, 몸도 마음도 건강하게 키우는 길라잡이가 되는 책입니다. 아이를 잘 키우고 싶은 마음을 막연한 바람이 아니라 실행으로 옮기는 구체적인 방법을 알려주고 있어 실제로 도움이 많이 되었습니다. 매사에 최선을 다해 사는 김현정 선생님을 꼭 닮은 책이라는 생각이 듭니다.

sk넥실리스 동박공정기술개발 정은선 매니저

자기주도학습을 원하지만 반쯤 포기하고 있는 남자아이 둘을 키우는 워킹맘! 이 책을 통해 우리의 학습이 어디가 잘못됐는지 깨달았습니다. 이 책을 계기로 엄마도 아이도 다시 한번 도전해봅니다!

현대모비스 인버터개발팀 김효진 책임연구원

프롤로그

모든 부모는 자녀가 스스로 하기를 바랍니다. 아이 스스로 계획을 세워 매일 꾸준히 공부하길 바라지요. 하지만 대부분의 아이들은 부모의 기대를 저버립니다. 아이들이 이런 모습을 보이는 데는 이유가 있습니다. 가장 큰 이유는 부모가 자기주도력에 관해 잘 알지 못하기 때문입니다. 아이들은 처음부터 공부를 재미없게 여기지는 않습니다. 실패를 경험하면서 자신감을 잃고 공부를 싫어하게 된 것입니다. 아이들의 이런 마음을 부모님들은 얼마나 공감하고 있나요? 내 아이가 스스로 공부해서 성적이 오르고 자신감이 높아져서 결국 자신의 꿈을 이루고 살기를 바란다면 아이의 마음에 깊이 공감해야 합니다.

이 책은 아이가 스스로 공부하게 하기 위해 부모가 준비할 것을 담았습니다. 자녀가 스스로 공부하는 습관이 잡힐 때까지 부모가 알아야 할 내용입니다. 아이의 자기주도력을 키우는 과정에서 아이와 함께 부모도 성장해갑니다. 부모가 아이에게 공감하려 노력하면 아이는 부모에게 마음을 열고 대화하며 공부의 방향과 자신의 진로를 정합니다.

이 책을 읽은 모든 부모가 자녀와 편하게 공부에 대해 얘기할 수 있기를 바랍니다. 아이 스스로가 자신의 꿈을 즐겁게 이뤄가길 바랍니다. 하루하루 스스로 노력하는 눈부신 아이의 모습을 기대합니다.

김현정

차례

3장

자기주도적인 아이를 키우기 위해 알아야 할 것들

4장

엄마가 달라지면 아이가 달라진다

5장

내 아이를 잘 알아야 잘 지도할 수 있다

6장

아이의 자기주도력을 길러주는 법

1장

아이의 공부 그릇을 키워라

1

튼튼한 몸은 제1의 공부 그릇이자, 자기주도학습의 기본

몸은 가장 중요한 공부 그릇이다. 공부는 머리로만 하는 것이 아니다. 건강하고 지구력 있는 몸에서 깊이 사고하는 힘이 나오기 때문이다. 아이들을 학원으로만 몰아넣던 시대는 끝났다. 미래의 우리 사회는 시험 문제만 잘 푸는 인재를 요구하지 않는다. 자신을 관리하며 스스로 문제를 해결해나갈 수 있는 인재를 필요로 한다. 건강한 체력과 편안한 마음 그리고 지적 능력을 갖춘 인재를 요구하는 것이다. 즉, 새로운 인재상을 원한다.

진짜 우등생은 운동을 한다

용인한국외국어대학교부설고등학교는 2004년에 개교했다. 이 학교는 2016학년도 수능에서 1~2등급 비율이 가장 높은 학교였고, 2017학년도 수능에서는 만점자를 배출하기도 했다.

2016학년도 입시에서는 256명 중 84%가 SKY에 합격했다(자료 출처: 학교 홈페이지). 이 학교 운동장에서는 스포츠를 즐기는 학생을 많이 볼 수 있다.

우등생들이 틈틈이 운동한다는 사실은 서울대에서도 확인할 수 있다. 모든 서울대생이 수준급으로 운동을 잘하는 것은 아니지만, 대다수의 학생들이 공부하다가 집중력이 떨어지면 간단하게라도 운동한다.

2018년 건강보험심사평가원의 통계에 따르면, 허리 디스크로 병원에 오는 환자 190만 명 중 36.7%가 10~30대라고 한다. 이는 현대인들이 잘 걷지 않아서 척추를 지탱해주는 근육이 줄며 추간판이 돌출하여 신경을 누르기 때문이다. 운동은 근육량을 늘려 몸의 건강을 향상시킨다. 또한 에너지를 발산하여 스트레스를 해소할 수도 있다. 건강은 물론이거니와 두뇌 성장에도 도움이 된다. 공부를 잘하는 아이들은 늘 구석에 앉아서 책만 보지 않으며 몸을 움직이는 것을 좋아한다.

학부모들은 자녀가 열심히 운동하는 것을 그리 좋아하지 않는다. 놀이터에서 아이들이 놀고 있으면 공부는 언제 할 거냐며 잔소리한다. 운동하느라 공부 시간이 줄어들고 몸이 피곤해져 집중력이 떨어진다고 생각하기 때문이다. 2012년 학교체육진흥법이 발표되었는데, 학부모의 일반적인 편견과는 달리 주된 내용은 '1학생 1스포츠 활동'이다. 교육부는 2013년 모든 초등학교에 체육 전담 교사를 배치하겠다고 발표했다. 중고교에도 스포츠 강사가 집중적으로 배치되는 등 학교 체육도 변화하고 있다.

집중해서 책을 읽고 배운 내용을 암기하는 것을 인지적 공부라고 한다. 인지적 공부는 뇌에 상당한 무리를 주며 충분한 혈류가 뇌에 공급되어야 한다. 이때 운동은 뇌에 새로운 혈액과 산소를 공급한다. 진짜 공부를 잘하는 아이들은 운동한 후에 공부가 훨씬 잘된다는 사실을 알고 있다. 경험으로 체득한 것이다. 공부하는 척 흉내만 내는 아이들은 하루 종일 책상에 앉아 있을 뿐 어영부영 시간만 때우며 조는 경우가 많다. 게다가 벼락치기도 체력이 있어야 가능하다.

+ 운동과 뇌의 연관성

미국의 한 연구에서, 만 7~9세의 아동 221명을 대상으로 방과 후 1시간씩 또래 아이들과 신체 놀이와 운동을 하게 했다. 그리고 9개월 후 운동하지 않은 아이들과 집중력과 인지 능력을 비교했다. 그 결과, 매일 규칙적으로 1시간씩 몸을 움직인 아이들의 인지 능력 점수가 두 배 이상 높았다고 한다. 신체 활동이 학습 능력을 높여준다는 사실을 보여주었다고 할 수 있다. 연구진은 이런 결과가 나온 이유를 뇌의 백질 때문이라고 분석했다.

뇌의 백질은 회백질 사이를 연결하는 신경섬유로 정보를 전달하는 역할을 하는데, 백질이 많을수록 집중력과 기억력, 창의력이 높아지며 두뇌 조직 간의 연결성도 개선된다고 한다. 신체 활동을 많이 한 아이들에게는 백질이 많은데, 운동을 많이 할수록 백질의 양도 늘어난다. "운동을 잘하는 아이가 공부도 잘한다"는 말이 근거 없는 주장은 아니다. 그러므로 근육을 다양하게 이용하여 운동하는 것이 좋다.

중하위권 학생들의 공부 능률이 낮은 것은 자기주도학습 능력이 부족하기 때문이다. 책상에 앉아 있는 시간에 비해 나오는 결과가 좋지 않다. 책상에 오래 앉아 있지만 집중하지 못하고 자꾸 딴생각을 하거나 공부와 관련없는 딴짓을 한다. 공부를 집중해서 하려면 몸과 마음의 준비가 필요하고 집중적으로 공부하는 습관을 붙여야 한다. 성적이 잘 안 나오는 학생은 그런 습관이 없고, 불안한 마음으로 책상에 앉아만 있다. 그러니 효과가 전혀 없다.

그러므로 무조건 많은 시간을 공부하는 것보다 짧은 시간이라도 집중해서 공부하는 것이 효과적이라는 사실을 아이에게 이해시킬 필요가 있다. 부모는 아이가 공부하는 시간에 최대한 집중할 수 있도록 도와준다. 운동을 통해 땀을 흘리며 몸속의 스트레스를 해소하고 재충전의 시간을 갖도록 하여, 몸이 충분히 정비되도록 한다. 그리고 자주 걷게 해서 평생 지탱할 수 있는 튼튼한 몸을 만든다. 건강한 몸을 만들기 위한 운동은 전혀 하지 않고 문제만 푸는 인지적인 훈련만 시키는 것은 밑 빠진 독에 물 붓기와 같다.

+ 수면과 공부, 관계가 있을까?

미네소타 대학교 연구진이 학생 9,000명의 등교 시간을 늦추고 학생들의 몸 상태를 조사했다. 그 결과 학생들의 우울증이 줄고 카페인이나 알코올 섭취량도 줄었다고 한다. 미국 소아과학회에서는 이 결과를 토대로 청소년의 등교 시간을 8시 30분 이후로 늦출 것을 권장한다. 미국 소아과의사학회의 멀루스키 박사의 연구에서는 수면 시간이 8시간 이하이면 선수의 부상이 68퍼센트 증가한다는 결과도 있었다. 뉴욕에서는 10대 1,300명을 대상으로 연구했는데, 7시간 이하로 수면을 취한 10대는 수면 부족으로 잘못된 결정을 내리곤 했고, 메뉴조차도 제대로 결정하지 못했다.

수면이 부족하면 스트레스 호르몬인 코르티솔의 분비가 늘어난다. 코르티솔은 콩팥 위에 있는 부신에서 나오는 호르몬으로 대사 및 면역 반응 등에 영향을 끼친다. 스트레스를 받으면 코르티솔의 분비가 늘어나서 스트레스에 반응하도록 돕기 때문에 매우 중요한 역할을 한다. 그러므로 과도한 스트레스는 코르티솔의 분비를 만성적으로 높이는데, 지속적으로 높아지면 우울증, 불면증 등의 정신질환의 원인이 될 수 있으며 몸속의 염증이 증가하는 등 갖가지 부작용이 생긴다. 인슐린 분비가 제대로 되지 못해 체중이 증가하기도 한다. 그러므로 공부 잘하는 아이를 만들려면 잠을 잘 재워야 한다.

20년간 수능 만점자들의 수면 시간은 6시간 14분으로, 평균 취침 시간은 새벽 12시 20분, 평균 기상 시간은 아침 6시 40분이었다. 즉, 하루에 6시간 이상 수면을 취하는 학생이 80% 이상이었다. 그리고 이 학생들 모두 앉아 있을 때만큼은 열심히 집중해서 공부했다고 말했다. 잠을 제대로 자지 못하면 예민하고 신경질적이 된다. 성인도 밤잠을 설치면 신경이 곤두선다. 따라서 충분히 자고 공부하는 것이 효과적이다. 성장기 아동에게 잠보다 좋은 보약은 없으며, 특히 취학 전 아동은 푹 재워야 한다.

현명한 부모라면 아이가 잠을 줄여가며 공부하는 것을 좋아해서는 안 된다. 기억력이 좋아지려면 잠을 잘 자야 한다. 잠을 잘 자면 기억의 용량이 커져서 새로운 정보가 들어와도 힘들이지 않고 잘 받아들인다. 잠을 적게 자면 오히려 기억력이나 학습 능력이 감퇴한다. 두뇌가 활발하게 움직이려면 충분한 수면 시간을 주는 편이 좋다. 그러니 아이가 일찍 자고 일찍 일어나서 맑은 정신으로 공부할 수 있도록 돕는다. 고등학교 3년간 수험 생활을 버티려면 체력이 기본이다. 체력이 없으면 정작 공부해야 할 시기에 공부할 수 없다. 중요한 것은 효율이 좋게 공부하는 것이다.

-|- 공부 잘하는 아이들의 체력 관리

20년간 학생들을 지도하면서 깨달은 것이 있다. 체력이 곧 '공부력'이라는 사실이다. 공부 습관은 어릴 때 형성해야 한다. 성인이 된 후에 잘못된 공부 습관을 바로잡기는 아주 힘들다. 어릴 때부터 집중해서 효율적으로 공부하는 습관을 길러주어야 한다.

그러므로 꾸준한 운동은 자기주도학습에 무엇보다 필요하다. 몸과 마음이 건강하지 않으면 쉽게 지쳐 공부하기가 어렵다. 체력이 있어야 공부도 꾸준히 할 뿐 아니라, 사회에 나가서도 몸도 마음도 건강하게 살아갈 수 있다.

실천 팁!

운동을 위해 무엇을 해야 할까?

우리 아이의 성향에 맞는 운동을 찾는다.

어려서부터 재미를 붙여 꾸준히 할 수 있는 운동을 하나 이상 찾는다.

운동할 여건이 안 된다면 자주 걷거나 집안일을 도우며 땀 흘리는 습관을 갖게 한다.

처음에는 근육이 없어서 힘들어하거나 며칠 앓을 수도 있지만, 조금씩 양을 늘린다.

아이들과 줄넘기를 한다.

한 달에 한 번은 가까운 산을 오르거나 공원이나 둘레길을 함께 걷는다.

등학교길에 친구들과 이야기하면서 걷게 한다.

숙면을 위해 무엇을 해야 할까?

잠자기 3시간 전에는 과격한 운동을 하지 않는다.

잠자기 1~2시간 전에는 컴퓨터와 스마트폰을 금한다.

잠자기 전에는 야식을 먹지 않는다.

잠들기 전에는 물이나 음료를 마시지 않는다.

2

편안한 마음으로 공부하도록 동기 부여하기

우리나라 엄마들은 교육에 관심이 많아서, 정보를 찾아 학원 설명회를 열심히 쫓아다닌다. 그런데 정작 아이들에게 필요한 것은 엄마의 학원 정보력이 아니다. 입시뿐 아니라 아이가 행복한 인생을 살게 하려면 부모가 마음공부를 해야 한다. 후회 없는 삶을 살아갈 수 있는 아이로 키우는 방법을 공부해야 한다는 말이다. 엄마의 마음공부는 아이의 마음을 편안하게 만드는 데 반드시 필요하다.

부모와 터놓고 소통하기

정신분석학자이자 자기심리학 이론을 제창한 코프트는 다른 사람의 반응에 따라 자신의 모습이 결정된다고 말했다. 인간은 다른 사람과의 관계 속에서 자아가 형성되기 때문이다. 자신을 알기 위해서는 거울처럼 자신을 비춰주는 친구나 선배 등 다른 사람이 필요하다. 자신의 의견에 다른 사람이 어떻게 반응하는지 파악하면 자신에 대해 알 수 있기 때문이다. 또한 자신과 마주할 수 있는 가장 효과적인 방법은 다른 사람과 대화하는 것이다. 속마음을 나누며 소통하면 다른 사람의 진짜 반응을 확인할 수 있고, 이렇게 자기 자신을 알아가는 과정을 통해 성장한다.

아이는 세상을 바라보는 시각과 인생에 대한 태도를 부모에게서 배운다. 부모는 아이와 대화를 나누며 자녀가 어떤 상태에 있는지 살펴보고, 자녀의 고민이 올바른 방향인지도 알아야 한다. 쓸데없는 생각에 빠져 있다면 그 생각에서 벗어나도록 도와주어야 한다. 그리고 고민과 잡생각은 다르다는 사실을 이해시킨다. 한편 어린아이일수록 다른 사람이 자신을 어떻게 여기는지 혼자 단정 짓는 경우가 많다. 아이 스스로 그런 고민을 꺼내기는 어려울 수 있으므로, 부모가 먼저 진솔한 체험을 들려주면서 이야기를 시작하는 것도 좋다.

타인에게 속마음을 터놓는 것은 매우 중요하다. 솔직하게 이야기를 주고받다 보면 비로소 자신과 마주할 수 있고, 이야기를 나누면서 자신에 대해 생각할 기회가 생긴다. 공부도 마찬가지다. 시험을 본 후 자신이 잘하지 못한 것을 그냥 지나치면 실력은 그 수준에 머무른다. 어떤 점을 이해하지 못했는지, 자신이 취약한 점을 알아야 자신을 안다. 이는 현실적인 실력을 자각하는 동시에, 자기 자신을 알아가는 과정이기도 하다. 부모님이나 선생님과 상담하거나 친구와 의논하거나 책을 통해 자신을 알아가며 현실적인 자신을 받아들일 수 있다.

자녀가 스스로 고민을 털어놓으면 좀 더 객관적으로 방법을 찾을 수 있다. 고민을 해결하는 방법을 찾으려 고민하는 것은 성숙해지는 과정이기도 하다. 중학교 때 나는 수학을 너무 못해서 나의 한계라 생각하고 체념하려 했다. 부모님과 상의한 끝에 내가 잘할 수 있는 과목을 찾았고 잘하는 것에 집중하기로 했다. 그래서 영어 공부에 더욱 매진했다. 영어 공부를 하며 내가 어학에 소질이 있음을 깨달았고, 부모님의 격려로 포기하지 않고 너욱 노력할 수 있었다. 혼자 하는 마음고생은 사람을 비뚤어지게 만들기 쉽다. 아이들은 혼자서 고민하기보다는 부모와 대화를 나누면서 감정이 안정된다.

칭찬의 계획적 반복

켄 블랜차드는 사람들이 아는 것을 실천하지 않는 데는 이유가 있으며, 이를 극복하기 위해서는 반복하고 또 반복해야 한다고 했다. 그것도 일정한 시간을 두고 주기적으로 반복하는 것이다. 주기적으로 하는 반복은 '행동 조정' 또는 '내적 강화'라고 한다. 부모는 아이를 관찰해서 나아진 점을 칭찬하고 잘못된 점을 바로잡아주는 과정을 반복한다. 이렇게 긍정적인 면을 강화하면 열심히 하는 아이로 만들 수 있다. 이때 아이의 잘못을 고쳐주기에 전에 장점을 칭찬하는 것이 더 중요하다.

비난과 비평은 사람의 행동을 바꿀 수 없지만, 변화된 모습을 칭찬하면 좋은 행동이 강화된다. 아이가 잘못된 행동이나 안 좋은 습관을 반복하는 것을 보고 매번 성인군자처럼 못 본 척하며 침착함을 유지하기가 쉽지 않다. 아이의 잘못을 보고도 지적하지 않고 여유로운 마음을 갖는 것이 힘들다는 말이다. 이때 소통 보드를 통해 부모와 자식 간의 소통의 장을 만드는 방법이 있다. 아이가 안심하고 무슨 말이든 부모에게 할 수 있는 창구를 마련하는 것이다. 마음 놓고 터놓을 수 있는 시간과 공간이 필요하다.

마음은 많은 시간과 에너지를 필요로 한다. 부모가 시간을 내서 신경 써야 할 것은 문제집이나 학원 스케줄이 아니라 아이의 마음이다. 어쩌면 아이에게 좋은 것을 먹이고 책과 문제지를 사주고 학원을 알아보는 것에 비하면 마음을 보살피는 게 훨씬 쉬운 일일 수도 있다. 부모를 통해 아이에게 긍정적인 마음이 형성되면 평생 행복하게 살 수 있다. 그러니 충분히 가치 있는 공부이며, 나와 아이를 살리고 가정도 살릴 수 있다. 마음 교육이 없는 교육은 유용할지 몰라도 사람을 똑똑한 악마로 만들 뿐이다.

아이에게 화가 날 때는 그 상황을 잠시 미루어둔다. 시시비비를 정확히 가리기보다는 아이의 감정을 있는 그대로 받아들이는 것이 좋다. 그렇게 하면 감정을 잠시 들여다볼 수 있는 마음의 여유가 생긴다. 부모가 지켜봐주면 아이는 해낼 수 있다는 자신감을 얻는다. 아이들에게는 부모의 마음을 읽어내는 능력이 있다. 아이에 대한 기대를 저버리지 말고, 공부 잘하는 아이와 비교하지 않으며, 어제보다 나아지고 있는 내 아이의 모습을 인정하고 격려한다.

아이가 집에 와서 무턱대고 신경질을 부릴 때가 있는데, 엄마에게 화가 난 게 아니다. 자기 자신에게 화가 난 것이다. 이럴 때는 야단치지 말아야 한다. 오히려 "학교 다니느라 애썼어. 고생했다"라며 안아주는 것이 좋다. 어떠한 경우에도 "잘될 것 같지 않네. 포기해야겠어"와 같은 말을 아이에게 해서는 안 된다. 속상한 아이의 감정을 부모가 먼저 표현하고 부모가 나서서 아이의 감정을 피하지 말고 직면하는 것이 좋다. 그래야 아이가 부모에게 속상한 감정을 드러내고, 부모도 어떻게 느끼고 직면해야 하는지 보여줄 수 있다. 아이는 이런 부모의 반응을 통해 현실을 직시하고 헤쳐나갈 수 있는 힘을 얻는다.

비폭력 대화로 이야기한다

비폭력 대화는 아이의 행동을 사실대로 관찰해서 말하는 것이다. "지금 몇 시간이나 텔레비전을 보는 거야? 너 때문에 속이 터진다"가 아니라 "지금 네가 두 시간째 텔레비전을 보고 있구나"라고 말하는 것이다. 게임만 하는 아이를 보면 화가 나겠지만, "게임만 하는 모습을 보니 엄마가 좀 불안하구나"라고 자신의 감정을 먼저 읽는다. 아이에게는 "이제 들어가서 공부하는 모습을 보여주면 엄마가 마음이 편할 거 같아"라고 부탁한다. 당장 아이의 태도가 달라지지는 않겠지만, 점점 시간이 지나면서 부정적인 말과 감정을 내비치는 횟수가 줄어들면 아이는 자신의 행동과 상황을 직면하여 받아들일 수 있다.

2019년, 한국어 교사 학위를 취득하기 위해 학교에 다니면서 다시 늦깎이 대학생이 되었다. 학창 시절이 떠오르는 한편, 매일 학교에서 공부하는 아이들의 얼굴이 떠올랐다. 하루 종일 책상에 앉아 수업을 듣는 아이들이 얼마나 참을성 있는지 새삼 깨달았고 아이들의 노고가 느껴졌다. 학교에서 돌아와서 아이들에게 공부하며 힘들었던 마음을 생생하게 전했더니, 아이들은 그 이야기를 재미있게 들어주었다. 왠지 모를 동지애를 느낀 표정이었다. 아이들은 웃으며 나를 격려해주었다.

세상에 공부를 못하고 싶은 아이는 단 한 명도 없다. 잘 해내려는 마음은 아이들도 마찬가지다. 그런데 원하는 성적을 거두지 못하면 공부하고 싶은 마음이 들지 않고, 마음이 없으니 공부를 하지 않는다. 결국 좋지 않은 성적으로 다시 이어진다. 이 악순환이 계속되면 공부에서 멀어진다. 이때 현명한 부모들은 아이가 학교에서 조금 뒤처져도 크게 조바심을 내지 않는다. 아이가 학교가 재미없다며 가기 싫다고 해도 할 수 있다며 긍정적인 동기를 부여해준다. 아이들에게 중요한 건 포기하지 않는 마음이다. 부모는 포기하고 싶은 아이의 감정을 있는 그대로 바라봐주어야 한다.

내 수업에 들어오는 아이들은 대부분 좋아하는 과목만 공부하는 아이들이 많다. 아이들과 대화하면서 "이제부터는 학교 과목

성적도 올려보는 게 낫지 않아?"라고 말해준다. 공부를 못하는 아이들의 학교 생활은 공부를 잘하는 아이보다 고통스럽다. 그런 아이들의 마음을 잘 헤아려주고 격려해주었더니 학교 성적도 오르기 시작했다. 자신의 속상한 감정을 이해해주었기 때문이다.

✣ 현명한 부모의 마음 교육

현명한 부모는 아이에게 당장 공부를 잘하는 법을 알려주기보다는 아이의 마음을 인정해주고 자신의 힘으로 앞으로 나아갈 수 있도록 긍정적 동기를 부여해준다. 그래서 아이에게 할 수 있다는 말을 많이 해준다. 무조건 긍정하기보다는 현실적으로 긍정해주는 것이 좋다. 예를 들면 "기초가 많이 부족하네. 수학은 성적을 당장 올리는 것은 좀 힘들 것 같아. 이번에 진단 평가 결과를 보니까 국어라면 가능할 것 같은데. 너는 말을 논리적으로 잘하니까 국어에 대한 이해력은 훌륭하거든"과 같이 막연하게 칭찬하기보다는 구체적이고 현실적으로 짚어준다. 그러면 아이의 마음이 편안해지고 공부하고 싶은 동기를 훨씬 강력하게 부여해준다.

3

뇌의 특성과 공부 효과

뇌는 1.5킬로그램 정도로 대략 체중의 2%를 차지하는데, 몸 전체 산소량의 20%를 소모하고 다른 장기에 비해 많은 에너지를 사용한다. 오감을 통해 받아들인 정보를 신호 체계에 따라 쉴 새 없이 전달하기 때문이다. 뇌과학자들은 뇌의 측두엽과 두정엽이 발달하는 구체적 조작기에 맞춰 교육이 필요하다고 주장한다. 측두엽이 발달하려면 듣기, 읽기, 쓰기 등과 같은 언어 교육이 효과적이고, 두정엽은 입체적인 사고와 수학·물리적 사고를 담당하기 때문에 퍼즐 게임, 도형 맞추기 등이 사고 발달에 도움이 된다. 이렇듯 아이의 발달 시기에 맞는 교육이 필요한데, 뇌를 알면 아이가 더 효율적으로 공부하게끔 할 수 있다.

⊹ 세 부분으로 된 우리의 뇌

뇌과학자 폴 매클린은 3층으로 된 뇌 모델을 제시했다. 우리의 뇌는 파충류의 뇌와 포유류의 뇌, 영장류의 뇌로 구성되어 있는데, 각각의 뇌는 고유의 능력을 갖고 있다. 1848년, 철도 감독관인 게이지는 쇠막대가 왼쪽 뺨을 관통하여 두뇌를 찢고 두개골을 빠져나가는 사고를 당했다. 그는 사고 직후에도 스스로 걸었다. 파충류의 뇌가 손상되지 않았기 때문이다. 그러나 온순했던 성격이 사고 후 돌발적으로 변했다. 과학자들은 게이지의 성격 변화가 전두엽 손상 때문이라는 사실을 밝혀냈고, 이는 뇌와 행동의 상관성을 밝혀내는 중요한 출발점이 되었다. 현재 게이지의 두개골과 쇠막대기는 하버드 의대 박물관에 보관되어 있다고 한다.

가장 아래에 있는 1층의 뇌가 파충류 뇌로 목덜미와 머리 사이에 쏙 들어간 부분에 있는데, 뇌간과 소뇌로 구성되어 있다. 호흡, 심장 박동, 혈압 조절 등 생명 유지에 필요한 기능을 담당해서 '생명의 뇌'라고도 부른다. 뇌간은 호흡과 심장 박동을 관여하므로 이곳이 손상되면 생명을 잃는다. 파충류의 뇌는 어머니 배 속에서 완성된다. 덕분에 우리는 세상에 나오자마자 숨을 쉴 수 있다.

포유류의 뇌는 2층에 위치한 중간 뇌로, 생각하고 느끼며 반응하므로 '감정의 뇌'라고도 부른다. 정보를 전달하며, 파충류 뇌보다 한참 나중에 진화했다. 감정 표현은 포유류만의 고유한 행동이다. 포유류의 뇌는 약 1,000억 개의 뉴런(뇌세포)으로 이루어져 있으며, 인간이 진화하면서 사고하고 분석하는 능력이 생겼다.

포유류의 뇌는 10세 전후부터 사춘기 때 폭발적으로 성장한다. 이 시기에는 식욕이 왕성해지고 이성에 관심이 많아지며 감정 기복도 심해진다.

인성과 학습에 가장 중요한 뇌는 영장류의 뇌다. 영장류의 뇌 중 가장 중요한 부분은 전두엽으로, 이성적 판단 및 의사결정과 충동 조절 등을 관장하는 사령관 역할을 한다. 다른 뇌에 비해 상당히 늦게 완성되며 학습과 인성에 매우 중요한 역할을 한다. 전두엽은 경험에 의해 완성되므로, 좋은 경험을 하면 좋은 전두엽이 되고 안 좋은 경험을 하면 나쁜 전두엽이 된다. 영장류의 뇌는 포유류의 뇌처럼 사춘기 때 가장 폭발적으로 성장하며, 남자는 30세, 여자는 24세 정도에 완성된다.

뇌과학자 데보라 유젠토는 높은 수준의 추리나 의사결정을 내리는 전두엽은 20대 초반이 되어야 온전히 성숙한다고 했다. 최근에는 여자아이들이 남자아이들보다 성적이 훨씬 좋고, 각종 자격 시험에도 여자들이 많이 합격한다. 이것은 남자아이들이 여자아이들보다 멍청해서가 아니라, 읽고 쓰고 외우는 행위가 전두엽이 발달된 여자에게 훨씬 유리하기 때문이다.

학습에 중요한 전두엽

신경생리학자 엘크호논 골드버그는 이마 바로 뒤에 있는 전두엽을 뇌의 CEO라고도 부른다. 전두엽은 모든 부위를 감독하고 통제하기 때문이다. 한편 적절한 환경 속에서 훨씬 더 활발하게 기능한다. 인류학 교수 로버트 보이드는 언어에 특화된 뇌 영역은 13살까지 빠르게 성장한다고 주장한다. 10대 초기는 어린이의 뇌에서 성인의 뇌로 변화하는 중간 단계다. 공부 기억은 영장류의 뇌인 대뇌피질의 장기 기억 장치로 넘어가는데, 그러면 오래 기억에 남는다.

이렇게 중요한 전두엽이 손상되면 일어나는 증상이 있다. 첫 번째는 충동성이다. 분노 조절이 안 되는 것이다. 집중력도 저하된다. 학생들이 무엇인가를 틀리거나 잘못했을 때 부모는 단순히 실수했다고 생각하기 쉬운데, 이는 실수가 아니라 끝까지 읽어낼 집중력이 없기 때문이다. 무기력증도 있다. 전두엽이 손상되면 짜증, 불평 등이 심해지고 인격이 손상되기도 한다. 생명의 뇌인 파충류의 뇌만 활성화되기 때문이다.

인간이 파충류의 뇌와 포유류의 뇌만 발달하면 어떻게 될까? 평상시에는 아무 문제가 없다. 부모의 말도 잘 듣고, 공부도 잘하며, 형제나 친구와 싸울 일도 없다. 그러나 이성적 판단을 담당해서 행복감을 잘 느끼게 하는 영장류의 뇌가 발달하지 않으면 문제가 된다. 포유류의 뇌는 감정, 식욕, 성욕, 단기기억 등을 담당해서, 식탐이 많은 사람은 포유류의 뇌가 발달한 것이다. 포유류의 뇌에서 성욕이 왕성해지면 영장류의 뇌에서 충동을 조절해야 하는데, 영장류의 뇌가 제 역할을 하지 못하면 충동 조절이 안 된다.

✛ 몰입에 필요한 것

미국의 신경심리학자 프레데리케 파브리티우스는《뇌를 읽다》에서 몰입을 위해 필요한 3요소가 구체적인 목표, 최적의 난이도, 명확한 피드백이라고 설명했다. 목표를 수립하면 집중력을 유지시켜주는 아세틸콜린이 분비된다. 적절한 난도는 집중력과 반응 행동을 담당하는 노르아드레날린을 자극한다. 피드백은 의욕과 흥미를 자극하는 신경 전달 물질인 도파민을 크게 증가시킨다. 이는 교육학과 생물학적 측면에서도 근거가 있는 말이므로, 부모는 아이에게 3요소를 어떻게 효율적으로 제공할지 고민해야 한다.

첫 번째, 아이의 몰입을 위해서는 최적의 난이도를 설정한다. 약간 난도가 있는 문제를 제시하는 것이 좋다. 지난 교과 과정의 이해 정도가 그 기준이 된다. 특히 수학은 복습을 제대로 하지 않으면 상당히 어려워질 수 있다. 따라서 지난 학기 문제를 풀어보고 정확한 수준을 진단하는 과정이 필요하다. 현실적으로 자신이 어느 정도 수준인지, 실제 공부 시간은 얼마나 되는지, 학습량은 어느 정도인지, 공부 도구는 어떻게 활용하는지 등 구체적으로 분석한다.

두 번째, 목표를 설정한다. 계획과 목표가 없으면 성적은 오르지 않는다. 뇌과학에서는 학습과 기억으로 형성된 모든 앎을 끊임없이 의심하는 것이 진짜 공부법이라고 말한다. 기억은 뇌가 편안한 방향으로 끊임없이 재구성되므로 뇌는 학습된 앎을 안다고 착각한다. 그러나 한번 기억한 것은 단기적일 뿐이며, 다져놓은 기억도 망각하기 쉽다. 읽기에 유창하면 내용에 숙달한 듯 보이고, 수학 문제를 눈으로 풀면 다 아는 것처럼 느껴지는 것도 뇌의 착각이다. 이런 왜곡과 착각에서 벗어나려면 '생각하는 공부'를 해야 한다.

세 번째, 명확한 피드백이 필요하다. 물론 부모가 제대로 피드백을 주려면 아이가 공부할 때 도움을 주어야 한다. 곁에서 아이가 무엇을 어려워하는지 지켜보며 해결할 수 있도록 도와주다 보면 무엇을 할 수 있게 되었는지, 어떤 노력을 기울였는지 자연스럽게 알게 되므로 구체적으로 조목조목 아이가 납득할 만한 피드백을 줄 수 있을 것이다.

뇌의 최적화 방법

뇌는 습관과 밀접하게 관련돼 있어서 공부를 하려면 뇌를 최적화해야 한다. 부모는 아이와 상호작용을 하면서 5단계 패턴 학습과 공부 도구를 뇌에 정착하도록 돕는다. 습관을 만들려면 엄청난 훈련과 반복이 필수적이다. 열정과 동기보다도 중요한 것이 습관이다. "가슴은 뜨겁고, 머리는 차갑게" 하여 아이의 잠재력에 대한 믿음을 갖되 현실을 직시해야 한다. '고등학교 올라가서 열심히 하면 되겠지', '저 애도 대학 갔는데 우리 애 실력으로 가겠지'라는 식의 막연한 생각으로 임하면 무조건 실패한다. 따라서 부모는 아이의 뇌를 알고 아이를 객관적으로 바라봐야 한다.

실천 팁!

미국의 뇌 과학자 폴 매클린의 '삼위일체의 뇌'

파충류 뇌	생존에 필요한 뇌	생존
포유류 뇌	감정을 느끼는 뇌	정서
인간의 뇌	사고하는 뇌	마음

세 종류의 뇌는 작용 범위가 다르다

제1의 뇌	뇌간
제2의 뇌	대뇌변연계
제3의 뇌	대뇌피질

아이가 몰입하면서 공부할 수 있게 하려면

1. 구체적인 목표를 설정한다.
2. 최적의 난도를 찾는다.
3. 명확하고 즉각적인 피드백을 준다.

4

감정에 민감하게 반응하는 뇌

뇌는 정보를 처리하는 과정에서 여러 부위가 영향을 주고받는다. 공부를 잘한다는 것은 배운 것을 오랫동안 잘 기억한다는 뜻이다. 기억을 관장하는 해마는 기억을 잠시 저장해두었다가 장기 보관을 위해 대뇌피질로 옮긴다. 기억을 장기적으로 보관하기 위해서는 정서를 관장하는 편도체가 자극을 받아야 한다. 감정의 뇌가 자극되어 활성화되면 기억의 뇌도 같이 활성화되기 때문이다. 다른 사람에게 칭찬을 들으면 기분이 좋아서 공부가 잘되는 것도 이런 이유에서다. 기분이 좋아지면 뇌의 신경세포를 연결해주는 시냅스의 신경전달 물질의 분비가 원활하게 이루어진다.

아이의 공부 상처

우리나라는 핀란드와 더불어 국제학업성취도평가(PISA)에서 세계 1~2위의 학력 수준을 자랑한다. 대한민국은 수학, 과학에서 뛰어난 학생이 많은데, 실상을 들여다보면 대부분의 아이는 공부를 못한다는 평가를 받고 상처 입어 자존감이 떨어지고 스스로 실패자라고 낙인찍는다. 2010년 한국청소년정책연구원이 4개국 청소년의 건강 실태를 조사한 결과, 우울한 이유로 공부 스트레스를 가장 많이 꼽았다. 한국 청소년들의 72.6퍼센트는 공부 스트레스를 느낀다. 중국 59.2퍼센트, 미국 54.2퍼센트, 일본 44.7퍼센트에 비해 한국 청소년들은 공부에 대한 압박감이 유독 심하다.

교육심리학과 송인섭 교수는 우리나라 아이들이 상처받는 이유를 다음과 같이 설명한다. 우리나라 교육은 서열화하다 보니 낙오자가 생길 수밖에 없는 구조다. 우리나라 아이들은 국제적인 기준으로 볼 때 성적이 낮지 않지만, 선진국 청소년에 비해 공부에서 받는 상처가 크다. 스스로 공부를 못한다고 생각하고, 그 때문에 인생의 실패자로 느낄 확률이 훨씬 높다. 학생들의 다양성을 인정하고 평가 방식을 다양화하는 쪽으로 교육 제도가 변하고 있다지만, 여전히 시험 점수가 평가의 가장 큰 기준이다. 그래서 아이들은 성적이 떨어졌을 때 공포영화 100편을 보는 것보다 더 심한 공포를 느낀다고 한다.

공부하려면 뇌의 다양한 부위가 연결되어야 한다. 부정적인 감정이 들면 동기를 유발하는 편도체의 기능이 떨어지고, 집중력이 저하되어 문제 풀이 능력이 저하된다. 머리가 명석한 아이도 마찬가지다. 장시간 스트레스에 지속적으로 노출되면 공부를 못할 수밖에 없다. 부정적인 감정은 뇌의 사고력을 제한하기 때문이다. 반면 긍정적인 정서는 뇌의 연결을 증가시켜 확장적으로 사고할 수 있다. 아이들에게 과자를 주어 일시적으로 긍정적인 정서를 만들어주면 순간적으로 문제 풀이 능력이 올라간다. 그리고 두뇌가 건강하게 성장하려면 정서적 안정이 기본이다.

⊹ 아이의 기분과 성적

EBS 다큐프라임 〈공부 못하는 아이〉는 전국의 초, 중, 고등학생의 솔직한 목소리를 담고, 공부 상처의 현실을 진단하고 문제를 제기했다. 심곡초등학교 4학년 아이들 24명을 대상으로 마음의 상태가 공부에 어떤 영향을 미치는지 알아보는 실험을 했다. 평소 수학 성적을 기준으로 두 그룹으로 나누고 다른 교실에서 수학 시험을 보게 했다. 똑같은 문제를 같은 시간에 풀되, 한 가지 차이가 있었다. 한 그룹은 10분 동안 기분이 좋았던 기억을 떠올렸고, 다른 그룹은 기분이 나빴던 기억을 떠올렸던 것이다.

질문 예시

기분 나빴던 일	기분 좋았던 일
휴일에 엄마가 일찍 일어나라고 했다.	친구들과 노래방에서 가서 놀았다.
친구랑 더 놀고 싶은데 그만 놀아야 했다.	좋아하는 연예인 사진을 보았다.
아픈데 꾀병 부리지 말라는 말을 들었다.	용돈을 두둑히 받았다.

어떤 차이가 있었을까? 기분 나빴던 일을 떠올렸던 아이들은

그렇지 않은 아이들에 비해 문제가 쉽게 풀리지 않았고, 시간이 지나면서 점차 문제 푸는 걸 힘들어하는 아이들이 늘어났다. 눈썹을 찌푸리고 한숨을 쉬기도 했다. 반면 기분 좋은 일을 떠올렸던 아이들은 표정이 밝았다. 진짜 차이는 성적으로 나타났다. 5점 이상 차이가 난 것이다.

이 실험은 공부가 감정의 영향을 많이 받는다는 사실을 알려준다. 공부할 때 아이들의 마음 상태가 학습 효과에 큰 영향을 미친다는 것이다. 공부라는 말을 듣고 엄마의 화난 얼굴이 떠오르면 아이의 학습 효과는 떨어진다. 그러므로 부모는 공부를 두고 잔소리하면 안 된다. 아이의 성적을 올리겠답시고 오히려 아이 공부를 방해하는 셈이 되고 만다. "엄마가 공부를 방해하는 경우가 많아요. 차라리 잘 모르면 내버려뒀으면 좋겠어요"라고 말하는 아이들도 있다. 부모의 강요와 간섭은 아이에게 전혀 도움이 되지 않는다.

자율적인 학습의 효과

연세대 언론홍보영상학부 김주환 교수는 현암초등학교 4학년 12명의 아이들을 대상으로 강압과 자율의 학습 효과를 알아보는 실험을 했다. 12명을 6명씩 두 그룹으로 나누고 국어·수학·사회·과학 각각 20문제씩, 총 80문제를 1시간 동안 풀게 하되, 한 그룹은 의무적으로 문제를 전부 풀고 다른 그룹은 자율적으로 풀어도 되게끔 제시했다. 책상 주변에는 만화책, 태블릿, 그림 도구, 젠가 등의 놀이 도구도 놓여 있었다. 선생님은 시험지를 내주고는 교실을 나갔다.

의무적으로 문제를 풀어야 하는 그룹은 조급해 보였다. 만화책, 태블릿 등은 거들떠보지도 않았다. 그러나 첫 과목의 문제를 풀면서 벽시계를 흘끔거렸고, 20분이 지나자 점점 자세가 흐트러졌다. 40분이 지나자 책상에 엎드리는 아이도 생겼다. 1시간 후 확인해보니 선생님의 지시대로 80문제를 풀기는 했지만, 아이들은 지루했다거나 문제를 풀기 싫었다고 답했고 어떤 문제가 출제되었는지조차 기억하지 못했다.

두 번째 그룹의 학생들에게는 80문제 중에 어떤 과목을 몇 문제나 풀지 스스로 선택하게 했다. 과목 순서도 아이 스스로 결정했다. 문제를 풀다가 쉬어도 좋고, 책을 읽거나 화장실에 다녀올 수도 있었다. 몇 문제를 풀고 싶은지 묻자, 적게는 10문제, 많게는 80문제로 잡았다. 문제를 푸는 순서도 각자 달랐다. 그러나 대다수가 30분이 넘게 집중력을 발휘했고, 문제 내용도 잘 기억하고 있었다.

두 그룹의 아이들은 평소 실력이 비슷했는데, 자율적으로 시험지를 푼 아이들은 의무적으로 시험지를 푼 아이들보다 평균 5점이 높았다. 수학은 약 9점, 과학은 약 7점이나 차이가 났다. 담임 선생님조차 놀랄 정도였다. 두 그룹의 차이는 기억력에서도 드러났다. 게다가 의무적으로 풀게 한 아이들의 처진 표정과 달리 자율적으로 문제를 푼 아이들은 활기차 보였다.

앨리스 아이센 교수의 실험도 있다. 학생들을 두 그룹으로 나누고, 5분 동안 각기 장르가 다른 영화를 보여주었다. 한 그룹은 재미있는 코미디물을, 다른 그룹은 수학에 관한 다큐멘터리였다. 영화를 보고 10분 후 주어진 물건들로 양초를 벽에 고정하기라는 문제를 풀게 했다. 코미디물을 본 학생은 75퍼센트가 문제를 풀었는데, 수학 다큐멘터리를 본 그룹은 20퍼센트만이 풀었다. 즉, 긍정적인 감정을 가진 그룹이 창의적 문제를 더 잘 풀어낸 것이다. 긍정적인 기분이 되었을 때 뇌의 기능이 높아지고 공부를 잘하게 된다는 사실을 알 수 있다.

⊹ 감정이 학습 능력에 영향을 미친다

즐거운 기분이면 학습 동기가 유발되고 전두엽의 활동이 활발해진다. 그러나 우울한 기분일 때는 뇌에도 부정적인 영향을 미쳐 좋은 학습 효과를 기대할 수 없다. 그러므로 아이가 제 실력을 발휘할 수 있으려면 공부할 때의 감정이 긍정적이어야 한다. 이는 감정과 이성이 분리되어 있지 않기 때문이다.

실천 팁!

아이의 감정을 좋게 하는 법

칭찬해준다.

편히 쉬게 한다.

맛있는 간식을 준다.

말 걸지 않고 내버려둔다.

신나는 음악을 들려준다.

방을 깨끗하게 정리해준다.

낮잠을 자게 한다.

가벼운 산책을 하게 한다.

5

두뇌 OS에는 차이가 있다

처음 자전거를 배울 때 몇 번만 타보면 탈 수 있는 아이가 있고, 100번을 타도 못 타는 아이가 있다. 왜 이런 차이가 나는 걸까? 흔히 이를 요령이라고 한다. 공부도 그렇다. 공부를 잘하는 아이를 보면 '왜 우리 아이는 저렇게 못할까?' 싶어 부러운 생각이 든다. 배우는 속도가 달라지는 요령은 사고력에서 나온다. 인간이 신체를 움직이는 것도 결국 생각의 문제이기 때문이다. 부모는 '어떻게 하면 내 아이가 빨리 요령을 파악할 수 있을까?'를 고민해야 한다.

두뇌 OS란?

OS는 컴퓨터의 운영체제인 오퍼레이션 시스템(Operating System)의 약자다. 우리가 사용하는 윈도우나, 스마트폰에 들어 있는 안드로이드나 iOS가 이에 해당한다. OS가 없으면 프로그램이나 앱을 실행할 수 없으며, 계속 업그레이드되어야 상위 버전의 프로그램을 사용할 수 있다. 그러므로 OS 버전이 낮으면 최신 프로그램을 깔 수도 없다.

OS 버전이 높으면 어떤 소프트웨어든 설치할 수 있다. 반면 OS 버전이 낮으면 높은 버전의 소프트웨어를 설치하지 못하고 프로그램도 잘 작동되지 않는다. 시스템이 멈춰버리기도 한다.

두뇌도 마찬가지다. 초등학교 교과 수준의 뇌 OS가 탑재된 아이라면 초등학교 때는 별문제가 없지만, 중학교에 올라가면 문제가 생긴다. 초등학교 수준의 OS로는 중학교에서 가르쳐주는 내용을 소화하지 못하기 때문이다. 학교 과목이라는 소프트웨어는 매년 버전이 올라가므로, 공부를 잘하려면 두뇌 OS를 높여야 한다.

두뇌 OS의 버전이 높으면 낯선 환경에서 처음 접하는 지식도 쉽게 배운다. 회사에서도 똑같은 신입 사원이라고 해도 업무 능력이 다르다. 똑같은 보고서를 읽고도 핵심이 무엇인지 쉽게 파악하는 사람은 두뇌 OS 버전이 높은 것이다. 이 차이를 경력에 따른 업무 숙련도라고 여기지만, 사실은 사고 능력과 연관되어 있다. 중요한 것은 두뇌의 사고력이다. 두뇌 OS를 업그레이드하는 것은 사고하는 힘을 키우는 것과 마찬가지다.

현명한 부모들은 아이가 배움에 어려움을 느낄 때 그 차이가 어디에서 비롯되는지 이해하고, 충분히 그 차이를 줄일 수 있다고 생각한다. 그래서 무엇이 문제인지, 어떻게 하면 나아질지 고민하며 방법을 찾는다. 사고의 전환을 통해 행동을 바꾸고, 재능보다 노력을 중요시한다. 그러나 두뇌 OS 버전은 그대로 놓아두고 높은 수준의 소프트웨어를 쑤셔 넣으려고만 하면 시스템이 멈춰버린다.

✛ 두뇌 OS는 언제 결정될까?

게이오 대학의 안도 주코 교수는 《유전 마인드》라는 책에서 "논리적 추론 능력과 공간성 지능은 유전의 영향이 70퍼센트"라고 주장했다. 뇌과학에서는 인간은 이미 태어날 때부터 뇌의 조건이 결정된다고 한다. 따라서 공부는 타고난 지능이 필요하고, 운동은 운동신경이 필요하다고 여긴다. 반면 미국 심리학자 아서 젠슨은 유전과 환경은 상호작용한다고 주장한다. 오늘날에는 유전적 요소와 환경적 요소가 상호작용한다는 인식이 보편적이다. 타고난 능력도 환경에 따라 후천적으로 바뀔 수 있다는 것이다.

인간은 성장하면서 정보를 처리하고 사고하는 능력이 향상된다. 인간의 타고난 두뇌 OS는 어느 정도는 의도적으로 노력하지 않아도 자연적으로 성장한다. 중학생과 성인을 비교해보면 쉽게 알 수 있다. 중학교 국어 시험의 지문을 성인이 되어 읽어보면, 중학생 때보다 쉽게 내용을 파악할 수 있다. 문제의 답도 쉽게 찾는다. 두뇌 OS가 높아졌기 때문이다. 그런데 인간의 사고 능력은 자동으로 업그레이드되기도 하지만 교육을 통해 그 능력을 더 빠르게, 더 깊이 있게 성장시킬 수 있다.

컴퓨터는 출시 단계에서 OS 버전이 정해지지만, 인간의 두뇌 OS는 해를 거듭할수록 서서히 버전이 오른다. 업그레이드 정도는 사람마다 달라서, 큰 폭으로 업그레이드되기도 하고 조금만 달라지기도 한다. 이것이 바로 학력 차이의 본질이다. 타고난 재능은 확실히 중요하지만, 그 재능이 꽃피려면 그것을 뒷받침해주는 환경과 훈련이 있어야 한다.

+ 두뇌 OS를 어떻게 업그레이드할 수 있을까?

비고츠키는 인간의 인지 발달 과정에 관해 이론을 정립했는데, 그에 따르면 아이가 어떤 사람들과 관계를 맺느냐에 따라 사고력의 발달이 결정된다고 한다. 이렇듯 발달의 핵심이 타인과의 관계 맺음에 있다면, 지식은 타고나는 것이 아니라 형성된다. 사고력의 출발은 사회와 문화에 있고, 사회와 문화적 맥락에 의해 결정되는 것이다. 사람들과의 상호작용에 의해 지식을 받아들이고 재구성되는데, 이를 내면화라고 한다. 내면화를 인지 발달의 주요 원리로 파악한 비고츠키의 이론은 문화와 사회가 인간 발달에 큰 영향을 미친다고 강조했다.

두뇌 OS는 같은 나이라도 어떤 자극을 받았는지에 따라 달라진다. 그러므로 노력하면 어느 수준 이상으로 버전이 올라간다. 두뇌 OS를 키우는 일은 교육의 본질적인 목적과 맞아떨어진다. 교육은 사고 능력을 키우는 일이기 때문이다. 이 능력을 키우는 데는 교사와 부모의 역할이 크다. 어떤 시기에 어떤 선생님을 만나는지에 따라 아이의 사고력이 달라진다. 부모가 집에서 아이를 어떻게 대하는지도 매우 중요하다. 인성, 생활 습관, 취향만이 아니라 사고의 구조도 부모에 의해 달라진다. 그러므로 부모는 아이의 두뇌 OS가 업그레이드되도록 좋은 환경을 만들어주어야 한다.

특히 아이에게 생각의 기회를 많이 제공해야 한다. 생각을 한다는 것은 의미를 이해할 뿐 아니라 직관이 빠르다는 것을 의미한다. 의미를 이해한다는 것은 아는 게 많다는 뜻이 아니라, 자신이 무엇을 알고 모르는지를 구분한다는 말이다. 또한 직관은 과정보다 결과를 먼저 제시하는 능력이다. 그것이 왜 답인지는 정확히 알 수 없지만, 답을 찾아내는 능력이다. 그런데 직관은 의미를 이해하는 능력이 바탕이 되지 않으면 생기지 않는다. 다시 말해, 사고력이 높다는 것은 아는 것과 모르는 것을 구분하고, 모르는 것을 발견하여 이를 해결하는 능력이 있다는 말이 된다. 결국 스스로 생각할 줄 아는 것이다. 그리고 생각의 기회가 많이 주어져야 사고력이 높아진다.

사고력을 높이는 데는 책을 많이 읽는 것이 좋다. 아는 어휘가 많아지면 사고력 향상에 도움이 되기 때문이다. 하지만 많이 읽기만 해서는 사고력이 높아지지 않는다. 책을 좋아하는 것과도 다른 이야기다. 사고력을 위해서는 책을 깊게 읽어야 한다. 책을 깊이 있게 읽으면 같은 책을 읽어도 많은 것을 파악할 수 있다. 사고하는 능력이 높아지는 것이다.

✦ 두뇌 OS를 높여야 하는 이유

학생들을 가르치다 보면 '개인별 학습의 속도 차이'를 확실히 느끼곤 한다. 하나의 의미를 이해할 뿐 아니라 더 나아가 열까지 헤아리는 아이들이 있다. 이렇게 두뇌 OS가 높은 아이들을 관찰해보면 공통점이 있는데, 어휘력이 풍부하고 다른 사람의 이야기를 집중해서 들으며 자신의 생각을 능동적으로 이야기했다. 결국 자기주도적으로 사고하는 것이다.

부모는 아이들마다 배움의 속도에 차이가 있다는 것을 받아들이고, 내 아이가 같은 노력을 들여도 더 좋은 결과를 얻을 수 있도록 사고력을 높여주어야 한다.

실천 팁!

두뇌 OS 요약

첫째	배움은 지식을 머리에 집어넣는 일이 아니다. 생각의 운영체제를 업그레이드하는 것이다.
둘째	생각의 운영체제는 한번에 정해지지 않는다. 지속해서 업그레이드되어야 한다.
셋째	생각의 운영체제를 업그레이드하는 일은 후천적으로 가능하다. 환경적 요인이 중요하다.
넷째	아이의 생각 태도가 능력이 된다. 항상 업그레이드되도록 배움의 상태를 유지해야 한다.

뇌를 활성화시키는 음식

아이의 기억력에 도움이 되므로 골고루 잘 먹게 한다

음식	성분 및 효과
등 푸른 생선	정어리와 고등어 DHA가 풍부 - 뇌 발달에 필수적인 성분
연어	DHA가 풍부 연어의 붉은 색소는 치매 예방 효과
콩	레시틴 풍부 - 뇌의 중요한 전달 물질인 아세틸콜린의 성분 된장, 두유 등에 많다.
노른자	레시틴 풍부 - 뇌의 중요한 전달 물질인 아세틸콜린의 성분 기억력 향상에 효과
백미	포도당 풍부 - 뇌의 에너지원 쌀에 많다.
빵	포도당 풍부 - 뇌의 에너지원 밥과 마찬가지로 대표적 탄수화물 음식
초콜릿	테오브로민 풍부 - 세로토닌의 작용을 돕는다. 스트레스를 감소시켜 기억력을 향상시킨다.

시금치	글루타티온 풍부 - 뇌 손상을 복구하는 기능 기억력 저하와 치매 예방 효과
견과류	비타민 E 풍부 - 항산화 작용이 뛰어남 세포의 산화 방지
간	아라키돈 산 풍부 - 뇌를 활성화시키는 작용 기억력 향상에 효과
딸기	플라보노이드와 폴리페놀 풍부 - 강력한 항산화 작용 뇌의 노화를 방지하고 기억력 저하 예방
굴	아연 풍부 - 뇌의 기능 저하 방지 굴이나 가리비 등의 조개류에 포함
스테이크	아연 풍부 - 뇌의 기능 저하 방지 철분 풍부 - 혈액에 의해 충분한 산소와 영양을 전달

2장

공부의 목적을 알면 아이가 달라진다

1

공부를 왜 해야 하는지 알려주기

공부를 왜 해야 할까? 아이에게 이 질문에 답해준 부모는 거의 없을 것이다. 공부가 왜 중요한지 알려주지도 않으면서 "공부 열심히 해라" "시험 잘 봐라"라고 이야기하는 것은 스트레스일 뿐이다. 부모가 잔소리한다고 해서 학습 습관이 개선되지는 않는다. 강요에 의한 공부는 일시적이므로, 공부의 중요성을 깨닫게 하는 한 번의 대화가 훨씬 효과적이다. 그러므로 아이와 왜 공부를 해야 하는지 진지하게 이야기를 나눌 필요가 있다.

공부의 목적 알려주기

어떤 아이가 공부를 잘할까? 두말할 것도 없이 내부에서 이유를 찾은 아이가 공부를 잘한다. 자신의 내면에서 찾은 동기가 가장 강력한 힘을 발휘하기 때문이다. 하고 싶은 일을 할 때는 시간

가는 줄 모르고 끼니를 거르기도 한다. 아이들도 마찬가지다. 원해서 공부한다면 아이들도 시간 가는 줄 모르고 공부할 것이다. 하고 싶은 것을 하고 있기 때문에 행복할 테고, 아이들을 바라보는 부모 역시 행복해진다. 아이의 진정한 행복을 위해서도 공부의 이유를 아이가 스스로 찾도록 해야 한다.

아이에게 공부가 왜 중요한지 알려주는 일은 매우 중요하다. 중요성을 알면 공부의 동기가 분명해지므로 재미를 느끼기 쉽다. 설령 공부가 재미없더라도 공부 자체를 포기하지 않으며, 잘할 수 있는 방법을 적극적으로 찾는다.

공부는 좋은 점수를 얻기 위해서가 아니라 아이가 행복한 삶을 살기 위해 준비해가는 과정이다.

"왜 사는가?"에 답할 수 있어야 삶의 보람을 느낄 수 있다. 그 이유를 알지 못하면 일시적으로 성공과 성취를 얻더라도 방황하는 사람들이 많다. 열심히 공부하라고 해서 시키는 대로 열심히 문제 풀고 대학에 갔는데 어떻게 살아야 하는지 모르겠다며 혼란을 느끼는 학생들이 많다. 이런 학생들은 주위의 잘못된 유혹에 무너지기도 하고, 나중에 사회에 나가 일을 하면서도 일정 수준 이상을 넘어서지 못한다.

이는 어린 시절부터 스스로 생각하고 선택하는 능력을 키우지 못하고, 부모나 교사가 시키는 대로 하는 데 길들어 있기 때문이다. 수능 성적에 맞춰 어른들이 가라는 대학에 진학하는 것도 타인에 의해 선택을 강요당한 결과다. 이는 부모와 아이 모두에게 인생의 낭비인 셈이다.

아이들 탓을 하는 부모도 있고, 어떻게 그런 능력을 키워줘야 할지 모르는 경우도 많다. 공부에 대한 목표가 없다면 인내력과 끈기, 도전 의식이 생기지 않는다. 인내력과 집중력을 발휘해야 할 필요를 느끼지 못하기 때문이다. 인생의 주인도, 공부의 주인도 아이 자신임을 잊지 말고 스스로 목표를 찾도록 도와주어야 한다.

+ 꿈 그리고 목표

공부의 이유로 가장 좋은 것은 '꿈'이다. 자신이 좋아하는 일이나 이루고 싶은 목표가 있으면 그 분야의 공부를 해야 한다는 사실을 깨닫고 힘들어도 참고 공부한다. 게다가 스스로 공부해야 할 것을 찾는다. 스스로 공부할 이유를 납득하면 공부가 재미있어진다. 자신이 왜 공부해야 하는지 알고 있는 아이들은 혼자서도 꾸준히 공부한다.

꿈이 있으면 좋지만 꿈이 없어도 괜찮다. 꿈보다 중요한 것이 명확한 목표 설정이다. 꿈과 목표는 다르다. 꿈은 실현하고 싶은 바람이나 이상이라서 당장은 막연하게 느껴질 수 있다. 그와 달리 목표는 눈에 보이는 도달 지점이다. 목표는 꿈을 이루기 위한 계단이 되어준다. 공부를 지속적으로 잘해나가려면 꿈이나 목표가 있어야 한다. 물론 아이가 혼자서 목표를 설정하고 이를 달성하기 위해 행동하는 것은 그리 쉬운 일이 아니다. 현실적인 목표를 세우고 실천할 수 있도록 누군가가 도와야 한다. 부모는 아이를 가장 잘 알고 있으므로 이 역할을 가장 적합하며, 아이가 자신의 미래를 고민할 수 있도록 한다.

초등학교 저학년 때에는 공부하는 태도와 습관을 길러주는 것이 중요하다. 우선 학습 계획을 세우는 방법을 알려주고, 선행학습보다 복습을 중심으로 공부 습관을 들이게 하는 것이 좋다. 예를 들어 그날 수업 목표에 맞게 복습 노트를 정리하는 것이다. 계획을 세울 때도 처음부터 너무 무리하기보다는 아이가 실천할 수 있게끔 계획을 세우는 것이 바람직하다. 공부 계획은 구체적이어야 한다. 스스로 계획할 수 있도록 기회를 주고, 언제, 무엇을, 어떻게 할지, 교재는 무엇으로 할지 아이가 선택하도록 한다. 장기 계획과 단기 계획을 세우고 아이의 학습 수준에 맞게 학습량을 정하게 하여 자신에게 맞는 공부법을 찾도록 한다.

아이와의 대화

공부는 자기 자신을 위한 것이다. 많은 아이들이 공부하는 이유를 엄마 아빠 때문이라고 생각한다. 공부를 시키는 것이 엄마 아빠이기 때문이다. 그러므로 부모와 아이가 공부하는 이유에 관해 대화를 나누는 과정이 필요하다. 대화를 나눌 때는 공부는 누구를 위해서 하는 것인지, 아이가 공부를 하여 무엇을 얻을 수 있는지, 이익을 얻는 주체가 아이 자신이라는 사실을 대화를 통해 부모와 아이가 함께 깨달아야 한다.

공부를 한다는 것은 지식뿐 아니라 살아가는 데 필요한 다양한 능력을 축적하는 일이다. 공부를 통해 좋은 대학으로 진학하는 등 실질적인 결과를 얻는다. 생각하는 힘도 기를 수 있다. 학교 공부를 하면서 근면함도 생긴다. 어른이 되기 위해 반드시 갖추어야 할 정신적 토대도 갖춘다. 이렇듯 공부의 목적과 효용에 대해 아이와 이야기를 나누다 보면 아이 스스로 공부해야 하는 이유를 깨닫고 공부에 대한 목표 의식이 생긴다. 부모는 자녀가 이런 생각을 가질 수 있도록 도와주어야 한다.

'정적 강화'라는 심리학 용어가 있다. 예를 들어 게임에 이기면 레벨 업이 되거나 아이템을 획득하는 것 등이 그 예다. 아이가 공부를 싫어하거나 회피할 때는 정적 강화의 원리를 이용하는 것도 좋다. 아이가 스스로 공부하고 바르게 행동하면 적당한 보상과 함께 밝은 표정으로 칭찬하여 아이의 바람직한 행동을 강화시키는 것이다. "너는 공부는 안 하고 놀기만 하니? 빨리 가서 공부해"라고 잔소리하면 아이는 공부에 대해 나쁜 인식이 생기고 공부가 더욱 하기 싫어진다. 공부는 습관이다. 효과적인 학습 전략을 세워 부모가 잘 이끌면 아이들도 공부를 좋아할 수 있다.

공부해야 하는 이유 가르치기

친구 따라 강남 간다는 말이 있듯이, 공부 잘하는 친구의 공부 시간과 습관을 보여주고 따라 하고픈 마음이 들게끔 하는 것도 좋다. 공부 잘하는 친구처럼 되고 싶다는 마음은 아이가 스스로 공부하게 만드는 원동력이 될 수 있다. 우리나라 최고의 포털 사이트인 네이버의 이해진 대표와 다음의 이재웅 대표는 어린 시절에 친구였다고 한다. 이해진 대표는 넥슨의 김정주 대표와는 기숙사 룸메이트였고, 카카오톡의 김범수 의장과는 삼성 입사 동기였다. 이렇듯 주변 친구들은 진로뿐만 아니라 학업에도 영향을 미친다. 10대에는 대부분의 시간을 학교에서 친구들과 보내기 때문에 또래 집단의 영향을 많이 받는다. 수능 만점자들 역시 친구들이 공부에 많은 영향을 미쳤다고 입을 모은다.

유대인들은 아이를 상례식에 데려가서 고난의 순간을 가르쳐준다고 한다. 성경에도 "지혜로운 사람의 마음은 초상집에 있지만, 우매한 사람의 마음은 혼인집에 있다"는 말이 있다. 결혼하는 신랑 신부에게서는 감사의 말이나 보답을 받을 수 있지만, 죽은 망자에게는 더 이상 받을 것이 없는데도 그를 기억하고 애도하기 때문이다. 게다가 안식일이나 티샤베아브라는 국치일에는 나라의 멸망과 유대인 대학살에 대해 이야기해준다. 아이는 이런 이야기를 통해 자신이 어떻게 살아가야 할지 자연스럽게 생각을 나눈다.

초등학교 고학년이 되면 교통수단을 이용해 처음 가는 길을 혼자 찾아가보게끔 하는 것도 좋다. 이런 경험은 아이의 문제해결 능력이나 창의력을 기르는 데 큰 도움이 된다. 또한 가보지 않은 길을 가고 새로운 일에 도전하는 용기를 불러일으킬 수 있다. 고영훈 작가는 창의성의 뿌리는 용기라고 했으며, 최진석 교수는 동양에는 없는 직업이 탐험가라고 말했다. 이렇게 형성된 아이의 자기주도성은 살면서 큰 도움이 될 것이다.

+ 공부의 진짜 의미

공부는 나의 상태를 깨닫고 자신과 싸워가며 계획을 실행해야 하므로 인내력을 길러준다. 공부는 삶의 전반에서 해야 하는 것으로, 가장 궁극적인 목적은 생각하는 힘을 길러서 삶의 문제들을 해결하는 힘을 기르는 것이다. 부모는 아이가 스스로 공부해야 하는 이유를 찾도록 많은 대화를 나눠야 한다. "왜 공부를 해야 한다고 생각해?"라고 묻고 아이의 대답에 "아, 그렇게 생각하는구나!"라며 있는 그대로 받아들인다. 처음부터 완벽하게 대답하지는 못하겠지만 조금씩 공부의 이유를 찾을 수 있을 것이다.

실천 팁!

스스로 공부 잘하는 아이를 만들기 위한 부모 5계명

첫째	아이가 학습에 흥미를 가지고 도전할 수 있게끔 동기를 부여해주어야 한다.
둘째	아이의 학습 결과를 확인하고 긍정적인 피드백을 준다.
셋째	아이에게 필요한 학습 자료를 충분히 제공해준다.
넷째	아이 수준에 맞는 학습 내용을 제공함으로써 성취감을 느낄 수 있게 한다.
다섯째	아이와의 대화를 통해 학습을 방해하는 장애 요소가 무엇인지 파악한다.

공부 이유 정하기 체크리스트

무엇 때문에 공부하는지 아이와 묻고 대답해보기

외재적 동기	내재적 동기
주변에서 인정해주니까	내 꿈을 이루는 데 필요하니까
친구들과의 경쟁에서 이기기 위해	아는 것이 많아지니까
대학에 가기 위해	새로운 것을 배우는 것이 즐거우니까
선생님께 칭찬받기 위해	나 자신의 미래를 위해
엄마한테 혼나지 않으려고	어제보다 나은 내가 되는 것 같아서
나중에 성공하기 위해	공부를 하다 보니 재미있어서
부모님이 원하니까	이야깃거리가 많아져서
해야만 하니까	머리가 똑똑해지는 느낌이 들어서
남들도 다 하니까	해냈다는 기분이 좋아서
점수가 올라서	목표량을 마치고 나서의 상쾌함이 즐거워서

2

평생을 행복하게 살아갈 수 있는 진짜 공부

인생은 언제나 순조롭지는 않다. 항상 고민과 문제가 뒤따르기 마련이다. 이때 중요한 것은 문제 상황에서 어떻게 다시 앞으로 나아갈 수 있는가다. 일이 잘 풀리지 않거나 능력을 제대로 발휘하지 못하면 누구라도 기가 죽고 스스로가 한심하고 우울해진다. 그렇다면 어떻게 하면 자신에 대한 믿음과 자신감을 아이에게 심어줄 수 있을까? 어려움에서 빠져나올 수 있는 법을 아는 것은 아이가 행복한 삶을 살아가는 데 필수다.

현대 과학이 증명한 긍정의 힘

최근 우울증 치료법인 인지 요법도 긍정적인 사고를 갖게 함으로써 우울을 극복하는 것이다. 그렇다면 왜 긍정적인 마음을 가져야 할까? 우선 긍정적인 프레임으로 전환하면 더 행복하기 때문이다. 불행하게 느껴질 수도 있는 상황을 긍정적으로 해석할 수 있다면 행복한 여건으로 바뀔 여지가 있다. 아이에게 부족한 면이 있어도 아이를 긍정의 눈으로 바라보고 아이에게 긍정의 힘을 길러주어야 한다. 부모가 아이만의 길을 찾아서 끌어주고 밀어주면 아이는 내면의 힘을 믿고 성장할 수 있다.

유명한 심리학 강사 켈리 맥고니걸은 TED 특강에서 8년간 미국 성인 3만 명을 대상으로 스트레스에 관해 연구한 결과를 소개했다. 지난 한 해 동안 얼마나 스트레스를 경험했는지, 스트레스가 건강에 해롭다고 믿는지 조사했다. 그 결과, 많은 스트레스를 경험한 사람들이 그렇지 않은 사람보다 사망할 위험이 43퍼센트나 높았다고 한다. 반면 스트레스를 해롭다고 여기지 않는 사람들은 관련이 없었다. 다시 말해 스트레스를 경험한 사람들 중에 스트레스가 건강에 해롭다고 믿는 사람들의 사망률이 43퍼센트 더 높았다는 것이다.

하버드 대학교 연구진은 실험 참가자들에게 스트레스 반응은 건강에 유익하다고 교육한 뒤 그들의 혈관을 확인했다. 일반적인 경우, 스트레스에 노출되면 혈관이 좁아지면서 다양한 혈관 질환이 생기는데, 건강에 유익하다는 교육을 받은 사람들은 오히려 혈관이 넓어졌다. 무엇을 믿느냐에 따라 신체 반응도 달라진다는 사실이 과학적으로 증명된 셈이다. 다시 말해, 우리가 생각한 대로 인생의 방향은 완전히 달라질 수 있으므로 마음가짐을 바꾸면 완전히 다른 삶을 살 수도 있다.

일본을 포함한 7개국에서 만 13~29세의 젊은이들을 대상으로 의식 조사를 했는데, 일본 아이들의 자기 긍정감이 다른 국가에 비해 상당히 낮았다고 한다. 자기 긍정감이 낮으면 새로운 일에 도전하기를 주저한다. 성장하는 데도 큰 장벽이 된다.

+ 긍정감은 유전된다

미국의 사회심리학자 레온 페스팅거는 인간은 자신을 평가하기 위해 끊임없이 다른 사람과 비교하며, 자신이 속한 사회집단에서 자아 개념을 형성한다고 주장했다. 즉, 물리적, 기능적 거리가 가까운 사람에 의해 큰 영향을 받는다는 뜻이다.

가정은 태어나서 가장 먼저 만나는 사회이므로, 무엇보다 엄마의 역할이 가장 중요하다. 긍정적인 엄마를 보며 자란 아이는 엄마에게 배운 그대로 상황을 긍정적으로 받아들이고 노력한다. 이렇듯 부모의 긍정감은 아이에게 유전된다.

아이는 "부모의 등을 보고 자란다"는 말이 있다. 가수 이적의 엄마인 박혜란 교수는 "아이들은 믿는 만큼 자란다"고 했다. 아이는 부모의 거울이다. 평소에 부모가 어려운 상황에 처해도 긍정적으로 받아들이는 모습을 보여주면 아이는 저절로 그것을 따라 배운다.

내 아이도 어려움이나 실패에 직면했을 때 훌훌 털고 다시 일어날 수 있도록 키워야 한다. 그러기 위해서는 밑바탕에 긍정적 사고가 깔려 있어야 한다.

작은아이가 한참 자사고 입학을 준비하던 때였다. 마지막 기말고사에서 국어 문제를 하나 더 틀리면서 자사고 입학 기준에 미치질 못했다. 성적표를 보고는 아이가 울음을 터트렸다. 나는 아이가 울음을 그치자 이렇게 이야기했다. "이번 기회로 작은 실수로 결과가 달라질 수 있다는 걸 알았으니 이제 이런 일이 없도록 주의하면 돼. 다시 좋은 학교를 찾아보자." 그러자 아이는 기운을 차렸고, 지금은 다른 학교에 들어가 열심히 공부하고 있다.

-|- 아이의 자아 긍정감을 높여주는 법

'자아(Self)'란 자신의 능력과 가치에 대한 생각, 감정, 태도를 말한다. 즉, 자신에 대한 평가다. 자아 긍정감이란 "나는 참 멋진 사람이야, 나는 해낼 수 있어. 충분히 잘하고 있어"라며 스스로 가치 있는 사람으로 여기고 신뢰하는 마음이다. 이는 인생을 살아가면서 지녀야 할 가장 중요한 태도다. 어떻게 하면 아이에게 자아 긍정감을 길러줄 수 있을까?

우선, 도전과 실패를 경험하게 한다. 아이가 도전하지 못하는 이유는 실패에 대한 불안이 앞서기 때문이다. 부모는 정신적 안전기지로, 아이의 존재를 조건 없이 받아들여야 한다. 아이는 성과를 칭찬받기보다 노력을 인정받았을 때 사랑받고 인정받는다고 여긴다. 누구나 있는 그대로의 모습과 결점을 포용해주는 사람에게 진정한 사랑과 신뢰를 느낀다. 자신의 성장을 기뻐해주는 사람이 있다고 느끼면 아이에게 자기 긍정감이 싹트고 실패해도 기죽지 않고 다시 도전할 수 있는 힘이 생긴다.

둘째, 작은 변화를 말로 표현해준다. 조금이라도 변화하고 성장한 아이의 모습을 부모가 먼저 알아차리고 아이가 깨달을 수 있게끔 전해주는 것은 자기 긍정감을 기르는 데 효과가 있다. 사소한 변화와 성장의 모습을 발견해서 아이에게 하나하나 들려주면 아이는 자신이 조금씩 성장하고 있다는 사실을 실감한다. 그리고 처음에는 잘하지 못했던 일도 시간이 지나면서 해낼 수 있고 긍정적인 마인드로 일을 해결할 수 있다. 새로운 일에 도전하려는 의욕도 솟는다.

셋째, 아이가 좋아하는 일에 열중하게 한다. 좋아하는 일에 열중하는 것 또한 자기 긍정감을 향상하는 데 도움이 된다. 잘하는 분야를 접하면 자신감이 붙는다. 즐겁게 빠져들 수 있는 일이 있으면 집중하는 즐거움을 느끼고 배우고 습득하는 기쁨을 맛볼 수 있다. 이렇게 해냈다는 성취 경험을 늘려가면서 붙은 자신감은 다른 경험을 대하는 태도에도 긍정적인 영향을 미치면서 선순환을 일으킨다. 아이는 자신이 좋아하는 분야는 혼자 힘으로 해보려 노력할 것이다. 부모는 아이가 좋아하는 일을 찾을 수 있게 지지해주기만 해도 충분하다.

이와 관련하여 김주환 교수는 8시간 동안 아이들이 자신이 좋아하는 일을 한 가지 하되, 50분 활동, 10분 쉬기를 수행하게 하는 실험을 했다. 예를 들면, 50분간 프라모델을 조립하고 10분간 휴식하며 8시간을 보내는 것이다. 그렇게 6개월을 관찰했더니 아이들의 긍정감이 눈에 띄게 향상됐다. 아이들은 공부가 고통이 아니라 즐거운 경험일 수도 있음을 깨달았고, 자신의 장점을 발견했다. 긍정적으로 변하자 성적도 올랐다.

넷째, 아이가 어릴 적 사진을 냉장고나 서랍장 등 아이 눈에 잘 띄는 곳에 붙여놓는다. 사진은 과거의 일화와 당시 부모가 느꼈던 감동을 전해준다. 아이는 자신이 정말 사랑받는 존재임을 실감할 것이다. 앨범을 꺼내 보기 쉬운 곳에 두는 것도 좋다. 스마트폰이나 태블릿에 아이의 사진을 저장해서 수시로 보게끔 하는 것도 괜찮다. 아이 덕분에 부모도 추억 여행을 하며 즐거웠던 기억을 소환할 수 있을 것이다.

긍정적 부모가 긍정적 아이를 키운다

많은 학생들과 상담하면서 아이의 태도가 부모의 태도와 닮는다는 점을 깨달았다. 부모가 아이의 긍정성을 믿는 경우, 아이들은 자신의 노력이 중요함을 깨닫고 있었다. 부모가 아이에게 물려줄 수 있는 가장 가치 있는 것은 삶에 대한 태도일 것이다. 부모의 긍정적인 습관은 아이의 자신감으로 이어진다. 아이의 삶을 긍정적으로 만들고 싶다면 부모도 자신의 삶을 긍정적으로 만들어야 한다.

실천 팁!

아이가 시험에서 높은 점수를 받았을 때

대단한걸!

정말 많이 노력했나 보다.

이번에는 이 부분을 참 잘했구나.

지난번에 틀렸던 문제를 이번에는 잘 풀었네.

다음에도 잘해보자.

아이가 모르는 과거의 이야기를 들려주어라

너는 정말 천사 같은 아이였어.

처음 자전거를 타던 날, 기억나?

네 존재만으로도 한없이 기쁘다.

너는 엄마에게 소중한 존재야.

3

스스로 생각하는 힘이 지닌 5가지 장점

심리학자 김태형의 《가짜 행복 권하는 사회》에는 '풍요의 역설'이라는 말이 나온다. 경제적으로 풍요로워졌지만 인간의 행복은 오히려 감소하는 현상을 일컫는다. 순간만의 좋은 느낌만을 행복으로 여기며 살면 긍정적 변화에 대한 노력을 포기하고 깊은 사고가 불가능해진다고 한다. 이는 참된 행복을 추구하지 못한다는 의미다. 물질의 풍요로움은 채워지지 않는 인간의 공허한 욕망을 불러올 뿐이며, 적당한 결핍과 절제가 오히려 약이 될 수도 있다.

-|- 결핍이 필요한 이유

"飽膏粱之食者 無適口之味(포고량지식자 무적구지미)"라는 말이 있다. 고려 말, 안축 선생이 관동을 유람하고 난 뒤 "내가 관동 땅에서 참으로 멋진 경치를 실컷 보았으니, 이제 다른 웬만한 경치는 시시해서 눈에 들어오지도 않을 것"이라며 한 말이다. 멋진 경치에 빠졌던 사람에게 일상은 시시하게만 느껴질 것이다. 이렇듯 풍요로움이 지나치면 때로는 독이 될 수 있음을 시사한다.

요즘 아이들은 스스로 행동하거나 창의적으로 시도하지 않는다. 여러 이유 중 하나가 결핍과 부족함이 없기 때문이다. 편한 상태에서는 무언가를 해야겠다는 적극적인 생각이 들지 않는다. 조사에 의하면, 어린 시절 적당히 배고픔을 겪어본 나라의 국민들이 풍족한 선진국에 비해 10살 정도 정신 연령이 높다고 한다. 배가 고프면 뇌는 이를 비상사태로 받아들이고 생각을 많이 하기 때문이다. 어려운 형편에 있으면 돈의 소중함을 절실히 깨닫고 경제적 감각도 빨리 자리 잡는다. 이런 경험을 한 아이는 편하게 돈 쓰는 법을 배운 아이보다 경제적으로 빨리 자립한다.

아이가 사달라거나 해달라는 것은 다 주면 아이들은 어떻게 될까? 더 이상 생각하지 않는다. 무언가가 부족해야 생각한다. 풍족하게 자란 아이들은 물건을 자주 잃어버린다. 잃어버리면 부모가 또 사주기 때문에 물건을 소중히 여기지 않는 것이다. 그러나 경제적 결핍을 경험한 아이들은 돈에 관해 생각할 기회가 생긴다. 그리고 자신이 원하는 것을 얻기 위해 부모를 어떻게 설득할 것인지 생각한다. 부모를 설득해서 힘들게 얻었기 때문에 물건도 귀하게 여긴다.

한편, 절실함을 느껴 스스로 행동하는 사람과 시켜서 억지로 행동하는 사람은 전혀 다르다. 전자는 의욕적이지만, 후자는 마지못해 한다. 어릴 때부터 엄마가 아이의 일을 전부 해주면 많은 문제가 발생한다. 첫째, 아이의 자발성이 결여되어 의존하는 성격이 되어 문제 해결력이 떨어지는 아이로 자랄 가능성이 크다. 이는 공부와도 직결되어 고학년이 되는 순간 성적이 떨어진다. 어려운 문제에 직면하면 해결하기보다는 회피하기 때문이다. 둘째, 어려움이나 힘든 일을 극복하려 하지 않는다. 쉽게 좌절하고 절망에 빠진다. 부모에게 의지하면 되기 때문이다. 셋째, 스스로 위축되어 자신감을 잃고 자기 확신이 약해진다.

생각하는 힘과 공부력의 상관성

21세기 정보화 시대는 스스로 탐구하고 문제를 해결할 수 있는 인재를 요구한다. 그러므로 아이에게 문제를 해결하도록 생각하는 힘을 길러주어야 한다. 그러면 부모가 굳이 잔소리하지 않아도 아이들의 능력이 스스로 커가며 공부의 효율성도 높아진다. 공부를 잘하면 공부를 더 좋아하게 되는 선순환이 일어난다.

생각하는 힘은 아이를 사회에서 쓸모 있는 사람으로 만든다. 문제를 해결해야 성과를 인정받을 수 있기 때문이다. 아이에게 생각하는 힘이 생기면 공부력과 업무력은 저절로 향상된다.

암기 과목을 공부할 때도 무턱대고 외운 것은 하룻밤 지나면 잊어버리기 쉽다. 공부를 했는데도 기억이 나지 않아 좌절감에 빠져 공부가 더 하기 싫어진다. 그러나 생각하는 힘이 있으면 무턱대고 외우기보다는 계획을 세워 체계적으로 외운다. 이는 암기 과목뿐만이 아니라 다른 과목도 마찬가지다.

초등학교 때에는 공부력이 성적에 드러나지 않는다. 진짜 공부력은 중학교부터 차이가 난다. 학년이 올라갈수록 공부력은 더 커다란 힘을 발휘한다. 점점 내용이 깊어지고 어려워지는 만큼 생각하는 힘이 더욱 중요해지기 때문이다. 고학년에서 성적이 주춤하는 아이들은 생각의 힘이 커지지 못해서다.

공부력은 바다 위에 떠 있는 빙산과 같다. 수면 위로 보이는 부분을 지식이라고 하면, 물에 잠겨 보이지 않는 부분이 공부력이다. 이것이 생각하는 힘, 진짜 공부의 힘이다.

+ 생각하는 힘을 길러주는 법

부모는 아이를 감독의 시선으로 대할 필요가 있다. 부모의 마음으로만 아이를 바라보면 아무래도 조바심이 생겨서 아이를 평온한 마음으로 기다려주기 힘들다. 기회를 주기보다는 재촉하는 것이다.

그러나 아이가 생각하는 힘을 기르게 하려면 아이의 실패와 결점을 너그럽게 감싸기도 하고, 모른 척 넘어갈 수도 있어야 한다. 대등한 인간으로서 아이를 바라보고, 아이가 하는 노력을 알아주어야 한다. 아이는 부모에게 인정받고 있다는 생각이 들면 책임감을 느끼고 더 잘해나갈 수 있는 방법을 스스로 찾는다. 그렇다면 어떻게 해야 생각하는 힘을 길러줄 수 있을까?

첫째, 공부한 내용을 부모님에게 직접 설명하게 한다. 선생님 놀이를 해도 좋다. 수학은 원리를 도출하는 과정을 보고, 사회와 과학은 이해에 초점을 맞추며, 국어는 사건의 흐름과 배경에 중점을 두고 이야기하게 한다. 아이는 설명하는 과정에서 개념을 더 확실히 이해하고 자연스럽게 머릿속에 기억한다. 아는 단계에서 이해하는 단계로 넘어갈 때 가장 효과 있는 방법이다. 무엇이든 완전히 이해해야만 잘 설명할 수 있기 때문이다.

둘째, 확산적으로 사고할 수 있는 질문을 던진다. 확산적인 사고란 단순한 생각이 아니라 생각의 범위를 넓혀가는 사고 과정을 뜻한다. 아이가 열린 생각을 하게 하려면 생각할 거리를 주어야 한다. 아이와 주제를 정해 궁금한 사항을 질문한다. 단답형이 아니라 정답이 없는 질문이 좋다. 처음에는 당혹스러움을 느낄 수도 있지만, 시간이 갈수록 익숙해지고 어느새 아이의 사고력은 성장해 있을 것이다. 이 질문법은 내 강의 시간에도 아주 요긴하게 사용하고 있다.

확산적 사고를 위한 질문의 예

이 문제의 해결을 위해 어떤 전략을 선택했니?
왜 이렇게 생각했니?
그렇게 해야만 하는 이유가 있니?
다른 방법도 없었을까?
더 쉽게 할 수 있는 방법은 없을까?

셋째, 조건을 바꾸어 생각하도록 한다. 숫자나 도형을 바꾸어 새로운 수학 문제를 만들어보거나, 문학 작품의 인물의 상황이나 배경을 바꾸어 생각해볼 수도 있다. '만약 나라면' 어떻게 행동할지 인물의 입장에서 생각해본다. 과학 과목이라면 실험 조건을 바꾸어본다. 이렇게 조건을 바꾸어 생각하고 문제를 풀어보는 것은 메타인지 학습법이다. 메타인지란 생각에 의한 생각, 인식에 대한 인식으로 더 높은 차원에서 생각하는 것을 말한다. 자신의 생각을 점검하고, 내가 무엇을 알고 모르는지 분석하여 모르는 부분을 보완하기 위해 사고한다.

넷째, 스스로 계획한다. 계획력은 생각하는 힘을 키운다. 계획하는 과정이 곧 생각하는 과정이기 때문이다. "이 일을 며칠까지 끝내려면 우선 ~을 하고, 그다음엔 ~을 해야 한다. 그러려면 ~을 먼저 해둬야겠구나"와 같은 식으로 계획을 세우고 목표를 가지고 공부하면 학습력이 향상된다. 성적이 오르면 기분이 좋아져서 더욱 꼼꼼하게 계획하고 실행하며 사고력을 키우는 습관이 생긴다. 아이가 스스로 계획할 수 있도록 부모가 살펴야 하는 이유도 이 때문이다. 평소 이러한 공부법을 실천한 학생은 진로를 설계할 때도 자신의 길을 알아서 계획한다.

아직 어린아이라면 스스로 할 수 있는 일이 많지 않으므로, 작은 것부터 하도록 지도한다. 아침에 스스로 일어나기, 시간 맞춰 등교하기 등 별것 아닌 것 같지만 매일 같은 루틴으로 반복되는 일부터 몸에 익히게끔 한다. 아이는 스스로 하는 경험을 통해 자신의 행동을 교정할 수 있다. 학교에 준비물을 잊고 가면 혼이 날 수도 있겠지만, 나서서 챙겨주는 대신 그냥 지켜보아야 한다. 아이가 살아가는 과정에서 마주치는 여러 가지 과제들을 하나하나 극복해나가는 출발점에 서 있다는 것을 이해한다.

✢ 스스로 사고하는 습관이 중요하다

생각하는 힘을 기르는 방법에는 공통점이 있다. 아이에게 무언가를 시키기보다는 부모가 이끌어준다는 점이다. 이때 가장 중요하면서도 지키기 어려운 것이 인내심이다. 인내심을 갖고 아이가 평소 스스로 고민하고 생각하는지, 공부도 스스로 하는지 살펴본다. 평소 이러한 습관은 학업 능력뿐 아니라 아이들의 진로에도 영향을 끼친다. 그러므로 아이가 스스로 사고하는 습관은 아이의 삶 전반에 걸쳐 매우 중요하다.

실천 팁!

생각하는 힘의 5가지 장점

아이가 공부하는 것을 좋아하게 된다.

성적이 올라간다.

자식의 폭이 넓어진다.

시간을 효율적으로 쓰게 된다.

스스로 문제를 찾아서 해결하게 된다.

→ 즉, 아이가 공부를 좋아하게 된다.

4

스스로 동기가 부여되면 재미가 생겨 스스로 행동한다

스스로 좋아서 하는 마음을 '내적 동기'라 한다. 내적 동기가 있으면 그 일 자체가 좋고, 재미있으니 스스로 행동한다. 내적 동기가 없으면 외부의 자극이 있어야만 움직인다. 그러므로 공부를 시작할 때의 마음가짐이 중요하다. 동기 유발은 아이의 생각과 의지에서 나온다. 아이에게 생각하는 힘이 생기면 공부하는 과정 자체를 좋아하고, 공부에 대한 의지가 생기며, 자연스럽게 공부하는 것이 좋아진다. 공부하면서 느끼는 성취감 때문에 스스로 공부하는 것이다. 어떻게 하면 아이에게 동기를 부여할 수 있을까?

닭이 먼저, 달걀이 먼저?

공부를 잘하려면 좋아하는 것이 먼저일까, 잘하는 것이 먼저일까? 수능 만점자들도 처음부터 공부를 좋아해서 시작한 것은 아니며, 공부가 싫었다고 말한 학생도 있었다. 수능 만점자도 좋은 성적이라는 성과가 없었다면 공부에 흥미가 계속 유지되지는 못했을 것이다. 좋은 성적은 공부를 좋아하고 더 잘하고 싶게 만드는 원동력이 된다. 좋은 성적이 보상이 되어 그로 인해 자신감이 생기고 자신을 움직이는 긍정적인 에너지가 되는 것이다. 삶에서 이러한 경험은 의미가 있다.

내가 좋아하는 것을 계속하려면 잘해야 한다. 잘해야 성과를 인정받고 그것을 더 좋아하게 된다. 그 과정에서 좋아하는 것을 하려면 싫어하는 일도 감내해야 한다는 사실을 깨닫는다. 어떤 일이든 처음 시작하는 순간에는 힘들다. 하지만 임계점을 넘기면 그 고통에서 벗어난다. 그러므로 아이에게 이 순간을 이겨내야 앞으로 나아갈 수 있는 힘이 생긴다는 사실을 알려준다. 아이가 일단 책상에 앉는 연습부터 하도록 한다. 실패도 해보고 그 실패를 딛고 일어서는 경험을 해봐야 진짜 공부 자존감이 형성된다. 이러한 공부 자존감을 가지고 있는 아이들은 배움의 즐거움을 느끼고 확실한 내적 동기가 마음속에 자리 잡는다.

좋아함과 잘함은 상호보완적인 관계다. 잘하다 보니 좋아하게 되었고, 좋아하다 보니 더 잘하고 싶어진다. 닭이 먼저든 달걀이 먼저든 중요하지 않다. 한 번쯤은 스스로 만족할 만한 성적을 받아보는 것이 좋다. 그 성취감을 느끼면 공부가 재미있다고 느끼고, 공부 자존감이 생긴다. 반대로 공부를 못하면 주눅 들고 스트레스를 받는다. 그러다 보니 흥미를 느끼지 못한다. 이런 악순환을 하루라도 빨리 끊어내도록 아이가 작은 성취라도 이루게끔 해야 한다.

아이가 공부를 잘하게 하려면 먼저 호기심을 갖는 것을 찾아주어야 한다. 좋아하는 것, 잘하는 것, 의미 있는 것이 생기면 아이는 스스로 책상에 앉는다. 부모는 아이가 배움의 재미와 의미를 알아갈 수 있도록 좋아하는 것을 탐구할 수 있게 지켜봐준다.

⊹ 내적 동기의 효과

아이가 스스로 내적 동기를 갖게 되면 좋은 이유가 있다.

첫째, 성적이 오른다. 학습의 궁극적인 목표는 살아 있는 지식을 얻는 것이다. 살아 있는 지식은 교과서의 자잘한 지식과 공식을 통째로 외우는 것이 아니라, 진지하게 고민하여 그 지식을 활용하는 것이다. 그래야 공부의 재미도 느낄 수 있다. 살아 있는 지식이 쌓이면 배운 것을 실생활에서 적용할 수 있고, 공부가 재미있어진다. 아이의 성적이 오를 수밖에 없다.

둘째, 지식의 폭이 넓어진다. 생각은 작은 것에서 출발해서 사고의 범위를 넓혀가면서 자신에 세운 가설이 옳았음을 스스로 증명해내는 것이다. 이렇게 생각을 거듭하면서 뜻밖의 계기를 통해 결론을 얻기도 한다. 그러다 보면 지식의 폭이 점점 넓어진다. 퍼즐이 맞춰지듯 여러 지식이 모여 새로운 생각과 시선을 형성한다. 선과 선이 이어져 면이 되듯이 생각하는 힘이 폭발적으로 증가한다.

셋째, 시간을 효율적으로 쓴다. 시간은 누구에게나 똑같이 주어지지만, 사람에 따라 처리하는 일의 양이 다르다. 많은 일을 해내는 사람이 있는가 하면 일을 거의 하지 못하는 사람도 있다. 똑같은 24시간이라도 의미가 달라진다. 생각하는 힘이 있으면 시간을 어떻게 활용할지 계획하고, 더 효율적으로 쓴다. 일을 할 때는 우선순위를 정하고 스스로 문제를 찾아 효율적으로 해결해가면서 학습 능력이 최상의 효과를 발휘할 수 있다.

내적 동기를 위한 부모의 역할

컬럼비아 대학교에서 개인의 능력은 변하지 않는다고 믿는 그룹과 능력은 성장할 수 있다고 믿는 그룹으로 학생들을 나누고 시험을 본 후, 각자 틀린 문제와 옳은 답을 알려줄 때의 뇌를 관찰했다. 능력이 정해져 있다고 믿는 학생들은 자신이 쓴 답이 틀렸음을 알았을 때 뇌가 가장 활성화했다. 반면 능력이 성장한다고 믿는 사람들은 틀린 문제의 정답을 알려줄 때 뇌가 더 활성화했다. 맞는 답을 아는 것보다 개선의 여지에 초점을 맞춘 것이다. 그 후 두 그룹 모두 재시험을 보았더니, 능력이 성장한다고 믿는 그룹의 점수가 더 향상되었다.

캐럴 드웩의 《마인드 셋》은 원하는 것을 이루는 태도의 힘에 관한 내용을 담은 책이다. 삶은 선택의 여지 없이 시작되었지만, 분명 내 뜻으로 정할 수 있는 것이 있다. 삶에서 어떤 관점을 택하느냐에 따라 어떤 사람이 될지, 어떤 가치를 실현할 것인지 결정된다.

부모는 아이의 내면에 있는 근본적인 가능성과 잠재력을 신뢰해야 한다. 칼릴 지브란이 "그대의 아이는 그대를 거쳐 왔을 뿐 그대의 소유가 아니므로"라고 했듯 아이의 의사를 존중해야 한다. 그리고 "너라면 꼭 할 수 있을 거야"라며 지지해준다.

아이가 좋아하는 일을 할 수 있도록 부모가 지원해주면, 결국에는 잘하는 아이보다 더 잘할 수 있다. 그런데 아이가 좋아하는 일을 부모 마음대로 재단해버리면 아이와의 관계가 나빠진다. 아이에게 자극을 줄 때는 지나쳐도 안 되고 모자라도 안 된다. 현명한 줄타기가 동기 부여의 관건인 셈이다. 그러려면 평소 아이를 잘 관찰하고 아이가 무엇을 좋아하는지, 싫어하는지를 파악한다. 그래야 아이가 부모와의 관계가 좋아지고 아이가 부모의 말에 귀를 기울인다.

아이의 진로를 정할 때 조급해할 필요는 없다. 무조건 진로를 빨리 정한다고 해서 좋은 것이 아니다. 대학을 졸업할 때까지 진로를 정하지 못하더라도 괜찮다는 메시지를 아이에게 전한다. 그래야 잠재력을 편안하게 발휘할 수 있다. 성공한 사람들도 처음부터 확실한 꿈과 목표를 가졌던 것이 아니며, 여러 시도 끝에 그 길을 발견하고 매진한 것이다. 무엇보다 아이가 자기 자신을 어떻게 평가하며 어떤 마음으로 해나가는지가 중요하다.

미국 미네올라 중학교에는 이런 문구가 붙어 있다고 한다. "나는 무엇이든 배울 수 있다" "실패는 성장하기 위한 발판일 뿐이다". 실패를 성장의 과정으로 여기는 학교 분위기 덕분에 아이들은 배움의 과정을 즐기고 있다고 한다. 아이들은 "실패하면 배워서 계속 노력하면 된다고 하니까 좋아요"라고 말한다. 실패 속에도 배움을 이어가면서 점점 더 발전하는 자신을 발견한다. 교사들도 아이들이 성장할 수 있다는 믿음으로 대한다. 이 학교는 인종이 다양하고 빈부의 차가 심한 지역이지만 '능력은 성장한다'는 믿음이 학습 효과를 높인다는 것을 증명했다.

⊹ 우리 아이만의 공부 이유

공부는 해야 할 이유가 있어야 잘한다. 공부를 잘하려면 내 아이만의 이유를 갖는 것이 중요하다. 공부에서 좋은 성적을 올리려면 수동적으로 접근해서는 안 된다. 스스로 문제를 찾아 자신의 힘으로 생각하고 관찰하며 분석할 줄 알아야 한다. 그리고 공부를 즐기면서 할 수 있어야 한다. 그러려면 부모는 아이가 좋아하는 것을 찾을 수 있게 기회를 제공하고, 좋아하는 것을 마음껏 할 수 있도록 허용해야 한다. 이러한 부모의 태도가 공부를 즐겁게 만든다. 그러면 아이 스스로 공부가 하고 싶어서 할 것이고, 미래 사회의 인재로 성장할 것이다.

실천 팁!

아이에게 이렇게 말해보면 어떨까요?

역시, 최고야.

넌 할 수 있어.

안심해.

늘 곁에 엄마가 있어줄게.

'괜찮아' 시리즈

- 실패해도 괜찮아.
- 실수해도 괜찮아.
- 무엇을 해도 괜찮아.

3장

자기주도적인 아이를 키우기 위해 알아야 할 것들

1

아이가 스스로 공부하는 것이 왜 중요할까?

코로나19로 비대면 수업이 활성화되면서, 불행인지 다행인지 많은 부모들이 아이가 공부하는 모습을 가까이에서 지켜보았다. 그러면서 아이의 공부 모습이 마음에 안 든다고 말하는 학부모들이 많아졌다. 교사와 아이가 물리적으로 멀어지면서 자기주도학습 능력이 더 중요해졌다. 지금은 비대면 수업이 비효율적이라며 투덜거릴 때가 아니다. 마음은 쓰리지만 아이의 공부 습관을 바로잡을 수 있는 절호의 기회다. 아이가 스스로 공부하는 습관을 길러줄 수 있다면 지금의 위기는 기회가 될 것이다.

+ 아이의 자기주도권

소를 물가에 데려가도 소가 물 먹기를 거부하면 먹일 도리가 없다. 공부도 마찬가지다. 부모들이 허리띠를 졸라매며 학원에 보내도 아이가 스스로 공부할 마음이 없으면 헛수고다. 억지로 공부해야 하는 아이는 아이대로 불행하다. 그런 아이를 지켜보는 부모는 부모대로 힘들다.

자기주도학습이란 학습자가 주체가 되어 학습 과정을 이끌어 나가는 학습 활동이다. 자기주도적인 사람은 자신을 스스로 이끈다. 자기주도학습의 기본은 자기만의 공부법을 완성하는 것이다. 자기주도학습은 저절로 완성되지 않으며, 어릴 때부터 부모의 적극적인 돌봄과 관심으로 자연스럽게 몸에 배어야 한다.

컬럼비아 대학교의 심리학자들은 지배 욕구는 먹고 자는 것처럼 인간에게 가장 기본적인 생물학적 욕구 중 하나라고 주장했다. 따라서 지배 욕구가 충족되지 않을 때는 문제가 발생한다. 무기력해지고, 주도권을 갖고 싶어서 화를 낸다.

마찬가지로, 부모가 아이의 온라인 수업을 봐주면서 공부하라고 윽박지르면 아이는 자신이 상황을 주도한다고 느끼지 못한다. 이럴 때는 아이가 스스로 선택하는 느낌이 들도록 이야기하는 것이 좋다. "저녁 먹고 공부할래? 아니면 공부하고 저녁 먹을래?"라는 식으로 선택지를 주는 것이다. 그러면 아이는 자신이 이 상황을 지배하고 있다고 느낀다.

자신이 선택했다는 느낌이 들면 주도권을 가졌다고 생각하고 약속을 지키려 노력한다. 아이에게 맡긴다고 해서 완전히 충실하게 수행되지는 않더라도 일단 아이에게 주도권을 넘긴다. 그러면 적어도 엄마 아빠 때문에 공부한다는 생각은 들지 않는다. 온라인 수업의 주도권도 아예 아이에게 맡기고, 무엇을 어떻게 공부할지 스스로 전략을 세우게 한다. 이런 습관이 잡힌 아이는 중고등학생이 되어서도 스스로 공부할 수 있다. 혼자 공부하기에 앞서 마음을 잡아주고, 공부 방법을 알려주고, 공부 습관을 만들어주는 것이 필요한 이유다.

"우리가 알파고를 이길 수 있을까요?"라는 질문에 이어령은 다음과 같이 답했다. "인간이 어떻게 말에 올라타서 잘 컨트롤하는 방법을 안다면 두려워할 일이 아니다." 인공지능은 두려워할 존재가 아니다. 기계가 할 수 있는 것은 인공지능에 맡기고 인간 고유의 능력을 마음껏 발휘할 수 있는 시대가 온 것이다. 단순히 문제를 잘 푸는 능력보다는 남들과는 다른 방법을 생각해내는 능력이 중요하다. 익숙한 문제를 많이 푸는 것보다 익숙하지 않은 문제에 대해 깊이 생각하는 사색의 시간이 더 중요하다. 미래 사회는 스스로 생각할 수 있는 자기주도학습이 가능한 인재를 요구한다.

+ 자기주도학습을 시작하는 최적의 시기

생각하는 힘을 효율적으로 키울 수 있는 시기는 만 3~12세라고 한다. 공부 습관은 초등학생 때 잡아주어야 한다. 이유는 두 가지다. 첫째, 사춘기에 접어들면 부모의 말을 순순히 따르지 않는다. 호르몬과 신체 발육 속도에 따른 자연스러운 변화이니 어쩔 수 없다. 둘째, 만 12세까지가 뇌의 흡수 능력이 가장 뛰어난 시기다. 인간의 뇌는 만 12세까지 많은 정보와 지식을 있는 그대로 흡수한다. 초등학생들은 게임 속 캐릭터의 이름이나 특징을 순식간에 외워버리는데, 이는 뇌의 흡수력이 엄청나다는 증거다.

사춘기가 되면 아이들은 부모에게 반항하고 규칙을 어기려고 한다. 그러면서 왜 공부를 해야 하는지, 왜 교칙을 지켜야 하는지, 귀가 시간을 왜 정해놓는지 궁금해한다.

부모는 아이의 의문을 제대로 받아들이고 답해주어야 한다. 아이가 멋대로 제시하는 의견에도 귀를 기울이고 생각할 거리를 던져준다. 아이가 교칙이나 귀가 시간에 반발심을 느낄 때 학교에서 왜 그렇게 하는지 생각해보도록 단초를 제공하는 것이다. 아이는 부모와 대화하며 사회성을 배우고 어른이 되어간다. 이렇듯 자신을 키우는 시기가 바로 사춘기다. 이런 의문에 답을 찾으면 반항적인 태도가 조금씩 달라질 것이다.

가수 이적은 3형제인데, 39살의 나이에 다시 공부를 시작해서 여성학자가 된 어머니를 보고 자라면서 아들들도 자연스럽게 공부하게 되었다고 한다. 이적이 어머니인 박혜란 교수에게 "내가 공부 잘하면 뭐 해줄 거야?"라고 질문한 적이 있었는데, "네가 공부하는 건 날 위해서가 아니라 네가 잘되기 위한 거고 네게 좋은 거야"라고 답했다. 부모가 아이의 성적에 집착하면 아이는 성적을 올리는 일이 부모를 위한 것이라고 착각한다. 공부를 잘하는 건 본인에게 좋은 일이지, 부모를 위해서 공부하는 것이 아니라는 메시지를 전달할 필요가 있다.

✦ 자기주도습관을 길러주는 방법

자기주도습관을 길러주는 방법에는 다음과 같은 것이 있다.

첫째, 학습의 재미로 아이를 유혹한다. 책상이나 식탁에 앉아 보드게임을 하거나 퍼즐을 맞춰본다. 카드를 뒤집어놓고 똑같은 모양의 카드를 기억해서 맞히는 놀이는 기억력을 높이는 데 좋다. 어릴 때부터 부모님과 공부든 놀이든 함께 하는 것이 자연스럽게 습관이 되도록 한다. 좋아하는 일을 찾으면 관심이 깊어지고 깊은 관심은 질문하는 단계까지 나아간다. 무언가를 좋아하는 사람은 그 대상에 대한 호기심으로 인해 질문을 던지고 질문을 통해 똑똑해진다. 아이의 성장에는 다양하고 흥미로운 경험이 정말 중요하다.

둘째, 배우려는 의욕의 스위치를 켜준다. 인간은 지적 호기심과 성장 욕구가 있는데, 배움은 이를 충족시킨다. 그 욕구의 스위치를 켜는 사람이 바로 부모다. 아이가 공부하고 싶게 만드는 환경을 조성하는 것은 부모 몫이다. 아이의 특성을 잘 파악해서 아이가 관심을 가지는 분야를 살피고 궁금해하는 부분에 관심을 가져주고 호응해준다. 예를 들어 큰아이는 자동차를 정말 좋아해서 자동차의 이름은 모두 외웠다. 그래서 자동차에 관한 만화책 등을 사서 같이 읽었다. 지금도 자동차에 관해서는 술술 답한다. 이렇듯 아이의 성향에 맞는 것을 선정하면 아이는 배움의 의지를 보인다.

셋째, 부모와 함께하는 시간을 늘린다. 아이와 학습 놀이를 하면서 학습에 대한 호기심과 배움의 즐거움을 깨닫게 해준다. 그러면 아이는 자연스레 자신감을 얻고 공부의 선순환 효과가 일어난다. 부모와 아이 모두 흥미를 갖고 할 수 있는 것을 택한다. 놀이를 통해 부모와 아이가 자연스럽게 시간을 보내면 대화를 나눌 수 있고, 아이의 학습 성향이 어떤지 파악할 수 있다. 이는 시켜서 하는, 괴롭고 힘든 공부가 아니다. 자기주도학습은 부모와 아이 모두 행복해지는 공부 방법이다.

한번은 가르치는 학생이 이렇게 말했다. "어른들은 참 좋겠어요. 공부를 안 해도 되니까요." 순간 말문이 막혔다. 그 학생의 부모님께, 집에 아이가 있을 때는 책을 보거나 공부하는 모습을 보여달라고 부탁했다. 아이는 혼자 공부하는 것이 외로웠던 것 같다. 공부는 모르는 것을 찾고 알고 경험하는 것이므로 학생만 하는 것이 아니다. 교사와 학부모를 비롯하여 이 세상의 모든 어른이 잘 살아가기 위해서는 공부해야 한다. 이렇듯 자기주도학습은 부모와 아이를 모두 키운다.

⊹ 아이 스스로 공부하는 게 가장 중요하다

밥을 차려줄 수는 있지만, 밥을 떠서 먹고 삼키는 일은 아이의 몫이다. 부모가 아이 대신 음식물을 씹어줄 수는 없다. 부모는 살아가는 데 꼭 필요한 지식과 지혜를 얻도록 도움을 주면 된다. 어릴 때부터 자기주도학습을 습관으로 들이면 나중에는 알아서 스스로 공부하기 때문에 부모도 훨씬 수월해진다. 부모가 일일이 참견하지 않고, 아이의 공부 습관이 잘 자리 잡을 수 있도록 지켜보는 것이다. 아이를 믿어주고 응원해주기만 하면 된다. 자주 하다 보면 요령이 생기는 것처럼 공부도 꾸준히 하다 보면 숙련되고 자기만의 비법이 생긴다. 그러므로 자기주도학습은 학년이 올라갈수록 빛난다.

실천 팁!

공부 시간 늘리기

- 공부 시간은 천천히 늘려가는 것이 좋다.

초등학생	30분
중학교 1학년	50분
중학교 2학년	70분
중학교 3학년	90분

- 중요한 것은 시간의 양보다 질이다.
- 1시간 걸리던 공부는 집중해서 40분 만에 끝내고 쉬게 한다.
- 30분의 시간을 관리할 수 있으면 3시간도 관리할 수 있다.

2

방임이 아닌 방목

자기주도학습은 부모의 생각을 바꾸는 것부터 시작해야 한다. 부모의 생각이 바뀌지 않으면 아이도 바뀌지 않기 때문이다. 부모가 정해준 대로 공부하는 아이들은 스스로 공부하는 아이가 될 수 없다. 한편 부모가 무관심하면 아이들은 효율적인 공부 습관을 가지지 못한다. 자기주도학습은 아이를 방치하는 것이 아니다. 공부의 중심이 아이라는 뜻이지, 부모의 역할이 없다는 의미가 아니다. 아이가 스스로 판단하고 행동할 수 있도록 부모가 도와주어야 한다.

방임과 방목은 다르다

히라이 노부요시의 《아이를 혼내기 전 읽는 책》에서는 "나는 무조건적으로 아이들에게 자유를 주어야 한다고 생각하지만, 그

것이 방임으로 흘러가서는 안 된다고 목 놓아 외친다"라는 구절이 있다. 어떤 부모는 '방임적 양육 태도'를 '방목의 양육 태도'라고 착각한다. 부모가 참견하지 않는 상태에서 아이가 자신의 일을 알아서 하는 것이 올바른 교육이라고 여긴다. 이는 방임과 방목을 잘못 이해한 것이다.

방임은 부모가 큰 틀조차 제시하지 않고 아이를 내버려둔다는 뜻이다. 그러나 방목은 큰 틀을 제시해주고 그 안에서 자신의 의지대로 하게 하는 것이다. 아이를 방임하는 것은 마음대로 하게 내버려두는 것으로, 아이에 대한 교육의 책임을 포기하는 것과 마찬가지다. 부모는 아무것도 하지 않은 채 아이에게 모든 것을 알아서 하라는 것은 방임이지 방목이 아니다. 부모들은 아이가 자기 할 일을 척척 해내기를 바라지만, 정작 부모의 역할은 하지 않는다.

방임과 방목에는 본질적인 차이가 있다. 방목은 원칙이 있는 허용이고, 방임은 원칙 없이 무조건 내버려두는 것이다. 예를 들어, '오늘 학교 숙제는 오늘 안에 하기'라는 큰 틀을 세우되, 아이가 숙제를 몇 시에 하는지에는 개입하지 않는 것이 방목이다. 반면에 숙제하든 말든 아예 신경 쓰지 않는 것은 방임이다. 큰 원칙을 잡아주고 그 안에서 아이에게 자율성을 부여해야 자기주도학습력이 길러진다.

초등학교 저학년 아이가 학교 준비물을 챙기는데 부모가 도움을 주지 않는다면 방임이다. 예를 들어 초등학교 과정에서는 전통 악기 단소를 배우는데, 단소가 무엇인지도 모르는 어린아이에게 알아서 챙기라고 말하는 것은 문제가 있다. 부모는 단소가 무엇인지 아이와 함께 알아본 후에 아이가 스스로 준비할 수 있게 한다. 공부를 비롯한 일상에서 아이의 자기주도력을 키우기 위해서는 혼자서 할 수 있는 환경을 부모가 조성해주어야 한다.

자기주도력은 방목에서

자기주도력은 방임이 아닌 방목의 환경에서 키워진다. 방임적 태도로 자란 아이는 책임 능력을 배울 수 없으므로 자기중심적인 행동만 일삼는다. 방목하는 것은 아이의 행동에 일일이 참견하거나 통제하지 않으면서 지켜보는 태도다. 그리고 아이의 책임감과 능력이 자라고 있는지만 확인하면 된다. 그렇게 부모로부터 존중받은 아이는 자신을 소중히 여기고, 남에게 인정받지 못한다고 해도 기죽지 않는다. 부모의 사랑과 믿음이 아이에게 발걸음을 디딜 용기를 주며, 자기주도력은 성장한다.

부모는 아이가 스스로 믿음을 키울 수 있게 울타리를 세워주어야 한다. 울타리 범위 안에서 아이는 스스로 선택하고 결정하여 행동하면서 스스로 해내는 힘이 자라는 것이다. 그러다 보면 점점 자신감이 생겨서 자기 힘으로 해낼 수 있다.

그러려면 우선 부모의 마음속에 아이에 대한 믿음이 있어야 한다. 아이가 가능한 한 많은 것을 자율적으로 선택할 수 있도록 믿고 지켜봐주어야 한다는 말이다. 불필요한 개입을 최소화하려는 마음가짐이 중요하다. 부모가 방목과 방임을 구분하는 건 생각보다 쉽지 않다. 아이를 어디까지 이끌어야 하는지, 어디까지 자유롭게 행동하도록 허용할지 결정하기가 어렵다. 시행착오를 겪는 아이를 지켜보다 보면, 부모가 해결해주는 게 오히려 마음 편할 때가 많다. 그러면 아이의 자기 주도력은 절대 자라날 수 없다. 그러므로 부모는 큰 틀을 잡아주고 그 안에서 아이가 자신의 의지대로 행동할 수 있도록 한다.

부모의 개입이 아이에게 미치는 영향

초등학교 시기에 부모의 개입은 아이의 평생을 좌우한다. 부모의 개입은 아이가 좋은 태도와 바른 습관을 갖는 데 영향을 미친다. 개입의 정도와 방향은 아이의 성장 속도에 맞춰야 한다. 처음에는 아이의 일거수일투족을 돌봐주어야 하지만 아이가 성장함에 따라 부모도 아이와 분리되어야 한다. 초등학교 때는 아이의 생활 습관이나 공부 습관 등이 올바르게 확립될 수 있도록 최소한으로만 개입한다. 초등학교 시기가 지나면 자신의 의지대로 행동하려는 발달상의 특성 때문에 개입하지 않는 것이 좋다.

현명한 부모는 아이의 삶에 지나치게 개입하지 않는다. 교육은 학습자의 잠재 능력을 끄집어내어 최대한 발현시키는 것이며, 아이를 바람직한 방향으로 이끌어 타고난 재능이나 소질을 일깨워주는 것이다. 교육을 통해 아이는 무엇이든 스스로 할 수 있다. 아이들이 자신의 고유한 특징을 잃지 않으며 살아가도록 하는 것이 진정한 교육이다. 부모가 선을 지키지 않고 아이에게 지나치게 개입하면 아이는 잠재력을 성장시킬 기회를 얻지 못한다. 무언가 해보기도 전에 무기력해지고 비관적으로 변한다. 그러므로 부모는 교육해야지, 개입해서는 안 된다.

아이들을 가르치면서 알아서 척척 해내는 학생들이 공부도 잘하고 친구들과의 관계도 좋았다. 부모라면 개입하지 않아도 아이가 알아서 하길 바랄 것이다. 그런데 이런 학생들의 부모님과 상담하면서 그 아이들이 스스로 잘하게 된 이유를 깨달았다. 바로 부모의 일관된 양육 태도와 뚜렷한 교육 철학 덕분이었다. 아이가 어릴 때부터 부모가 바른 습관을 들였고 교육에 관한 소신이 있었다. 자립심과 책임감을 가질 수 있게끔 교육한 것이다.

간혹 초등학교에서 아이에게 실내화를 신겨주는 엄마를 보곤 한다. 아이는 멀뚱멀뚱 서 있고 엄마는 쪼그려 앉아 실내화를 신겨주고 벗어놓은 운동화를 신발주머니에 넣어 아이에게 건넨다. 신체 건강한 아이가 스스로 신발을 신거나 운동화를 챙길 생각이 없어 보였다. 아이가 충분히 잘할 수 있는데도 엄마가 아이 대신 다 해주면 아이는 하고 싶은 의욕이 생기질 않는다. 꾸물꾸물할지는 몰라도 아이가 스스로 하게 하면 어떻게든 스스로 신는다. 처음에는 잘 신지 못할지는 몰라도 이를 극복하려고 노력하는 경험을 통해 아이의 자발성이 발달하고 성장하는 것이다. 그 과정에서 아이들의 주도력이 자란다.

+ 평생 가는 자기주도학습 능력

자기주도적 습관은 아이의 평생을 좌우하는 삶의 태도로 이어진다. 그러므로 부모의 양육 방식이 아이의 평생을 결정한다. 아이에게 맡기면 아이는 자신의 행동을 고민하고 반성할 줄 알게 된다. 부모는 아이가 주도성을 갖고 자기 할 일을 책임감 있게 할 수 있도록 도와주면 된다. 이런 습관이 들면 다른 활동에도 활발하고 적극적으로 임할 가능성이 높다. 아이가 커도 부모의 도움이 필요한 순간은 분명히 있다. 원칙 있는 울타리와 현명한 개입이 아이들이 더 나은 미래를 꿈꾸게끔 한다.

실천 팁!

방목 교육의 예

1	공부하라는 말 하지 않기	→ 공부에 대해 어떠한 압박도 주지 않는다. 시간이 얼마만큼 남았는지만 알려준다.
2	"안 돼! 하지 마!"로 강요하지 않기	→ 도움이 필요하다면 "어떻게 도와주면 될까?"를 묻고 도와준다. 그렇지 않다면 스스로가 깨닫게 기다려준다.
3	자존감 높여주는 말하기	→ "너의 전부를 사랑해"라고 말해준다. 잘할 때만 사랑하는 것이 아님을 알려준다.
4	"알았어, 해보자"라고 답하기	→ 아이가 "이거 해보고 싶어"라고 할 때는 새로운 시도를 할 수 있도록 도와준다.
5	따뜻하게 정서 교감하기	→ 편지를 쓰거나 안아준다. 좌절을 견디고 극복하는 힘이 강해진다.

3

자기 효능감과 공부의 상관관계

자기 효능감은 심리학자 앨버트 반두라가 주장한 개념으로, 자신의 유능함에 대한 개인의 주관적인 판단과 신념을 말한다. 이것이 높으면 어려운 상황에서도 인내심을 갖고 계속 노력한다. 그렇지 않다면 능력이 많아도 그 능력을 충분히 발휘할 수 없다. 문제 상황에 직면했을 때 자신의 능력을 스스로 과소평가하기 때문이다. 따라서 인간이 갖고 있는 자기 효능감에 따라 행동의 지속력과 결과에 차이가 나타난다.

난 할 수 있어

앨버트 반두라는 호주의 과학 전공 학생들을 대상으로 자아 효능감과 학문적 생산성에 관해 연구했다. 전공 수업에서 자기 효능감이 높은 학생들은 수업에 적극적으로 더 많이 참여했고,

직접 체험하는 실습 경험을 선호했지만, 자기 효능감이 낮은 학생들은 학문적 상호작용을 회피하는 경향을 보였다. 자기 효능감이 높은 학생들이 낮은 학생들보다 학업 수행이 높았던 것이다. 학문적인 생산성 측면에서도 자기 효능감이 중요하다는 이론은 현재까지도 교육학의 기초이자 중요한 이론으로 손꼽힌다.

노력의 질도 자기 효능감과 매우 밀접한 관련이 있다. 자기 효능감은 모든 행동의 동기가 될 수 있다. 자신이 가진 능력으로 자신이 설정한 목표에 도달할 수 있다고 믿기 때문이다. 자신에게는 성공할 수 있는 의지와 능력을 가지고 있다고 생각하면 어떤 어려움에도 지지 않는다. 어려움을 극복하고 이겨나갈 수 있는 사람이라고 자신을 믿는 것이다. 성공의 경험이 많은 아이일수록 스스로를 긍정적으로 인식하기 때문에 자기 효능감이 높다. 자기 효능감은 성공의 경험으로 축적된다.

성공 경험은 '나도 할 수 있다'는 자신감을 느끼고, 스스로에게 만족스러운 감정을 갖게 한다. 남들이 "넌 무엇이든 할 수 있어"라고 말해주는 것보다 더욱 강력하다. 스스로 경험을 통해 자신이 이루었기 때문에 그 힘은 매우 강력하다. 실패에도 의연하게 대처하며 얼마든지 다시 해낼 수 있다고 믿는다. 줄넘기 2단 뛰기를 성공한 후, 3단 뛰기가 안 된다고 해도 좌절하지 않는 것과 마찬가지다. 3단 뛰기도 연습하면 할 수 있다는 확신이 경험에 의해 저장되어 있기 때문이다.

중고등학교 시절, 나는 철봉 매달리기를 잘하지 못했다. 부모님은 "괜찮아. 좀 못하면 어때. 건강하기만 하면 돼"라며 속상한 마음을 달래주었다. 방과 후, 나는 매일 학교에서 매달리기를 연습했고, 어느 체육 시간에 오래 매달리기 시합에서 1등을 했다. 처음으로 체육 시간에 충만한 느낌을 느꼈다. 이렇듯 실질적인 성취와 성공 경험이 자아 효능감을 높여준다. 그 후부터는 체육에 자신감이 붙기 시작했고 체육 수업 시간이 즐거워졌다.

아이가 자기 효능감을 느끼는 예

목표한 성적으로 오르기
방 깨끗이 청소하고 뿌듯한 기분 느끼기
동생 돌봐주고 부모님께 칭찬받기
줄넘기 2단 뛰기 성공하기
피아노 악보 읽고 치게 되기
간단한 요리해서 가족과 먹기
엄마 심부름 완수하기

도전과 응전의 연속이라는 말처럼, 공부에서도 자기 효능감은 매우 중요하다. 아이의 내면에 자기 효능감이 장착되면 눈앞의 결과에만 집착하지 않는다. 과정의 의미를 알고 있기 때문이다. 자기 효능감은 아이의 멘털 관리에도 중요하다. 결과의 상처보다 과정에 집중하면 실망은 할 수 있어도 좌절하지는 않는다. 그보다는 앞으로 어떻게 할 것인지에 집중한다. 이는 아이가 끝까지

해내는 힘을 갖게 한다.

✛ 자기 효능감의 시기

자기 효능감이 형성되기에 가장 좋은 시기는 유아기다. 부모로부터 충분히 사랑받으며 존재 자체만으로도 사랑받는다는 자아 존중감이 충족된다. 자아 존중감은 태어나면서부터 시작되므로, 유아기에 보살핌을 받으며 충분히 채워져야 한다. 이 시기에 충분히 사랑받은 아이들은 초등학교 때 예상치 못한 문제를 겪어도 흔들리지 않는다. 어린 나이에 어른스럽고 제 할 일을 척척 해내는 아이들은 매우 모범적으로 보이지만 마음 깊은 곳에 상처가 있는 경우가 많다. 어린 나이에 주어진 일을 해내느라 아이처럼 천진난만하게 행동하지 못하는 것이다.

자기 효능감을 본격적으로 배우기 시작하는 시기에 아이들은 학교에 입학한다. 이때 부모는 아이의 학교 생활을 응원하고 지지해준다. 아이의 문제에는 직접 개입하지 않는다. 공부는 기술이 아니라 내면의 근력을 바탕으로 한다. 사춘기를 보내면서 공부 저력을 발휘할 수 있게 키우려면 아이가 내면의 힘을 튼튼하게 갖추고 잘 활용할 수 있도록 관심을 기울여야 한다. 내면의 힘이 갖추어지면 성적은 부수적으로 따른다. 내면의 중요한 성장축은 자아 존중감과 자기 효능감이다.

에디슨의 어머니를 보면 이를 금방 이해할 수 있다. 그녀는 에디슨이 닭장에서 알을 품고 있을 때 아이에게 이렇게 말했다고 한다. “너는 어떻게 이런 기발한 생각을 했니? 앞으로 대단한 일을 하겠구나.” 아이의 호기심과 잠재력을 인정한 것이다. 에디슨의 어머니가 “한 번만 더 그런 짓 해봐. 집에서 쫓겨나는 수가 있어!”라며 아이를 혼냈다면 오늘날의 에디슨은 없었을 것이다. 전기 발명은 수많은 어려움 속에서 이루어졌다. 에디슨에게 자기 효능감이 없었다면 그런 역경을 이겨낼 수 없었을 것이다. 에디슨의 어머니가 한 교육이 에디슨을 어려움 속에서도 다시 일어나게 했다.

+ 자기 효능감을 높이는 3단계 실천 방법

자기 효능감이 낮으면 실패와 도전을 두려워하게 된다. 초등학생 아이들에게 성공과 실패는 일상과 같아서 자라나는 과정에서 겪을 수밖에 없다. 부모는 아이의 성공과 실패를 일상처럼 받아들이며 의연한 모습을 보여주어야 한다.

아이의 자기 효능감을 효능감을 높이는 방법은 다음과 같다.

첫째, 실천 가능하고 구체적인 목표를 설정한다. 계획표는 아이가 직접 만들게 한다. 되도록 구체적이고 상세하게 실천 내용을 많이 담는 것이 좋다. 소소한 실천들을 세세하게 나누어 적고, 일상에서 성공을 체험하게 한다.

둘째, 아이에게 자율성과 주도성을 심어준다. 목표 설정과 실천 모두 스스로 하게끔 하고, 부모가 개입하거나 통제하면 안 된다. 처음에는 서툴다 보니 시행착오가 있는 것이 당연하다. 부모는 답답하더라도 아이 스스로 할 수 있도록 인내심과 여유를 가진다. 아이가 계획을 잘 이행했을 때는 아이의 성과를 인정하고, 칭찬과 격려로 아이의 노력을 알아준다.

셋째, 대화를 통해 아이에게 적절한 교육법을 찾아낸다. 계획을 세우고 실천 과정을 거치면서 아이와 대화를 나눈다. 이를 통해 아이의 잘한 점과 잘못한 점을 적절하게 피드백을 해준다. 아이의 잘한 점은 칭찬하고 잘못한 점은 다음에 어떻게 개선할지 의견을 나누면 아이는 자신에 대한 부모의 믿음과 애정을 느끼고 자신감을 얻고 스스로 해내려는 도전 의식을 갖는다. 그리고 자기주도적으로 학습을 이끌어가면서 정서적으로 안정된다.

+ 스스로의 가치를 높이는 힘

부모들은 아이가 자기 효능감을 찾고 자신의 가치를 알아차리도록 도와주어야 한다. 아이가 잘하는 일은 응원하고, 어려운 문제는 함께 해결할 수 있도록 같이 생각하고 방법을 찾는다. 부모의 노력하는 자세를 보면 아이와 유대 관계를 형성할 수 있다. 부모는 아이에게 정신적인 조력자가 되도록 노력해야 한다. 자꾸 다른 아이와 비교하면, 남이 아닌 아이의 과거와 비교한다. 그러면 아이의 성장을 칭찬하고 부족한 점을 짚어줄 수 있다. 아이는 부모와의 대화를 통해 자신의 가치를 깨닫고 그것을 기반으로 자신을 성장시킨다.

실천 팁!

우리 아이의 자기 효능감 체크

자기 효능감이 낮은 아이의 행동	자기 효능감이 높은 아이의 행동
"난 못 해"라는 말을 자주 한다.	계획을 완수할 수 있다고 믿는다.
어려움이 닥쳤을 때 쉽게 포기하거나 회피한다.	서툴러도 잘할 수 있을 때까지 계속 시도한다.
스트레스를 받고 즐거움을 느끼지 못한다.	친구를 사귈 때 친구에게 먼저 다가간다.
실패의 원인을 환경이나 부모 탓으로 돌린다.	모든 사람에게 좋은 면이 있다고 생각한다.
도전에 대한 흥미와 관심이 부족하다.	그 일을 마칠 때까지 포기하지 않는다.
자신의 능력에 불안감을 느낀다.	자신을 신뢰한다.

자기 효능감을 높여주는 말

아이	엄마
엄마, 이거 완전 재미있어요.	진짜 최고로 멋진 시간을 보냈네.
엄마, 시험 오늘 끝났어요.	시험 보느라 힘들었는데 신나게 놀아.
너무 힘들어요.	많이 힘들었겠구나.
여기까지 다 했어요.	잘했네. 멋지다.

→ 자기 효능감은 실체적이고 구체적인 경험에서 나오기 때문에, 부모의 역할이 중요하다.

4

작은 성공 경험이 쌓일수록 자기주도력이 강해진다

뇌과학자들에 의하면 인간은 성공 경험을 하면 뇌에서 도파민이라는 신경 전달 물질이 분비된다고 한다. 도파민은 즐거운 자극에 반응하여 분비되는 뇌 호르몬으로, 과다하면 조울증을 일으키며 부족하면 우울증이 된다. 담배의 니코틴도 도파민을 활성화시켜서 쾌감을 느끼게 하고, 마약도 도파민의 분비가 촉진되어 환각이나 쾌락 등이 나타나는 것이다. 도파민은 인간을 흥분시켜 살아갈 의욕과 흥미를 부여하게 하는 호르몬 중 하나다.

+ 작은 승리 모으기

왜 게임에 빠질까? 게임에도 도파민의 요소가 숨어 있기 때문이다. 게임은 도입 단계부터 성취감을 느끼도록 설계되어 있다. 실력이 늘면 레벨이 올라간다. 커뮤니티도 발달되어 있어서 소속

감도 느낄 수가 있다. 구성도 입체적이며 빠르다. 따라서 게임은 도파민을 빠르게 분비시킨다.

이에 반해 공부는 성적이라는 결과가 나오기까지 피드백이 늦다. 도파민의 효과를 보려면 시간이 걸린다. 성취감을 느끼기가 게임보다 훨씬 힘들다. 만약 아이를 게임이나 스마트폰 중독에서 빠져나오게 하고 싶다면 더 많은 도파민이 분비되게끔 다른 활동으로 성취감을 느끼게 한다.

부모가 주는 인정과 칭찬은 아이의 뇌에 도파민을 생성한다. 아이들에게 얼마나 도파민을 분비되게 했는지 알고 싶다면 아이를 칭찬해준 횟수를 떠올리면 된다. 한편, 아이에게 매일매일 작은 승리를 거두게 하는 것도 좋다. 승리의 성취감을 느끼면 도파민이 분비되기 때문이다. 이런 경험은 뇌에 좋은 기억으로 저장되고, 그 기억은 다시 새로운 행동을 하도록 한다. 이 과정에서 아이는 자신감을 얻고, 성공으로 이끄는 사고방식이 내면에 학습된다. 앞서 이야기한 자기 효능감이 굳건히 자리 잡는 것이다.

학교 생활은 아이에게 본격적으로 성공의 경험을 쌓을 수 있는 기회이므로 이 시기를 잘 활용해야 한다. 가정뿐 아니라 학교에서도 작은 성공을 체험할 수 있기 때문이다. 스스로 학교 갈 준비를 해두었다면 "알아서 책가방을 챙겼네. 준비물도 다 챙겼어. 놀고 싶었을 텐데 숙제를 먼저 했구나. 대단하다"처럼 칭찬할 수 있다. 부모로부터 칭찬받은 경험은 그대로 아이들에게 쌓여 '나도 할 수 있다'는 자신감을 만든다.

내가 가르치는 학생들은 대부분 일본 애니메이션에 관심이 많은데, 학교 공부에 자신이 없어 하던 아이들도 일본어 자격증을 취득하고 나면 달라졌다. 자신이 좋아하는 과목을 죽어라 공부한 아이는 자신만의 공부 방법을 만들어냈다. 일본어를 잘한다고 스스로를 믿으니 공부를 좋아하고 열심히 하게 되었다. 한 분야에서 결과를 거두니 다른 과목 성적도 같이 오르는 경우가 많았다. 할 수 있다는 신념을 갖게 되었기 때문이었다. 자신이 해보고 싶은 일을 할 수 있는 기회를 주고 몇 개라도 성공하면 자신감을 가질 수 있다. 이렇듯 성장하고 있다고 느끼게 하는 작은 승리가 중요하다. 이런 느낌이 자기주도력으로 이어진다.

도전을 꺼리는 아이 뒤에는 실패를 두려워하는 어른이 있다

아이들은 왜 도전하지 않는 것일까? 아이는 사회의 거울이다. 아이들이 실패를 회피하는 까닭은 어른들이 실패를 두려워하기 때문이다. 그러므로 부모가 실패를 부정적으로 여기지 않는 자세를 보여주어야 한다. 부모가 실패를 두려워하면 아이는 도전하기를 겁내고 매사에 망설이며 실패는 좋지 않은 것이라고 인식한다. 부모가 실패에 연연하지 않는 여유 있는 모습을 보여주고 부모의 실패 경험을 아이에게 들려주면 아이는 용기를 얻는다. 부모가 아이에게 완벽한 모습만 보여주어야 할 필요는 없다.

부모가 실패한 경험을 대화하다 보면 부모와 자녀가 인간 대

인간으로 서로 마주할 수 있다. 아이에게 약점을 보이는 것이 어른의 위신이 안 선다고 생각하는 부모가 있다. 그러나 약점과 위신은 관계가 없으며, 약점을 내보여도 보호하고 보호받는 관계는 무너지지 않는다. 부모의 실패 경험을 공유하면 아이는 공감대를 형성한다. 어른이 실수한다는 것 자체가 아이들에게는 신선하고 재미있게 느껴진다. 인간미와 약점이 자연스럽게 드러나기 때문에 부모와 아이의 거리가 훨씬 가까워질 수 있다. 그리고 아이는 실패를 통해 배우는 자세를 기른다.

부모는 육아하는 동안 다양한 방면에서 아이의 패배를 함께 겪는다. 그럴 때 아이에게 "지금의 실패를 계기로 무엇을 배운 것 같아?"라고 따뜻하게 물어보아야 한다. 그리고 실패의 결과를 겸허히 받아들이되, 부모는 아이를 격려해주어야 한다. 부모는 벌어진 결과를 아이에게 따져묻는 대신, 앞으로 어떻게 나아갈 것인지 질문한다. 그러면 아이 스스로가 자신이 해야 할 일에 더 집중할 수 있다.

+ 작은 성공 만드는 법

첫째, 작은 성공의 기회를 많이 만들어준다. 수학 문제집 10쪽, 줄넘기 30분, 책 20분 읽기 등과 같은 작은 성취가 쌓이면 아이의 자존감을 만든다. 자존감은 선천적 요인보다 후천적 요인이 크다. 어떤 일을 했을 때의 성취감은 그것을 더 잘하고 싶게 만든다. 몇 번 시도로 아이가 달라지진 않지만, 작은 성취를 자꾸 쌓아가다 보면 무언가를 하고 싶다는 마음이 들고, 잘할 수 있는 사람이 라고 인식하게 된다.

둘째, 꾸준히 할 수 있는 것을 시작한다. 꾸준히 해야 좋든 싫든 알게 된다. 처음부터 대단한 무언가를 하기보다는 아침에 일찍 일어나는 것부터 시작하게 한다. 같이 이불을 개는 것부터 시작하며 차차 아이가 하고 싶은 것을 찾아본다. 아이가 꾸준히 할 수 있게끔 돕는다. 공부 습관도 마찬가지여서 스스로 원칙을 만들어서 자기 몸에 익숙하게 만들어야 한다. 긍정적인 변화가 나타나면 난도를 조금씩 높여가며 포기하지 않는 아이가 되도록 이끈다.

셋째, 습관을 위한 5:2 법칙을 지킨다. 월요일부터 금요일까지 5일 동안은 열심히 공부하고 주말은 자신이 진짜 하고 싶은 것을 하는 것이다. 이때 아이는 5일간 최선을 다하고 부모는 주말 동안은 아이들이 무엇을 해도 잔소리하지 않겠다는 규칙을 정한다. 이때 부모는 아이들을 믿어주고 인내해야 한다. 이렇게 공부와 휴식의 사이클을 일정하게 유지하며 습관을 만든다.

넷째, 아이에게 허용하는 분위기를 만들어준다. 아이가 힘들어할 때 회복할 수 있는 시간을 주고, 더디고 서툴러도 실망하거나 나무라지 말아야 한다. 부모는 아이를 격려하고 용기를 북돋아주어야 한다. 아이가 자기 효능감을 잃지 않는다면 시간이 걸리더라도 성공적인 인생을 살아갈 것이다. 자기 확신에 이르는 길은 시간이 걸리며 외로운 여정이다.

✛ 성공의 경험과 공부

어릴 때 겪은 성공 경험은 성장하면서 공부와 밀접하게 연결된다. 부모가 미리 걱정해서 알아서 다 해주면 아이는 성공할 기회를 갖지 못하고 점점 의존하는 성격이 된다. 아이가 스스로 문제를 해결하고 책임을 질 수 있도록 부모는 직접적으로 개입하거나 조언하지 않는다. 강압적인 지침이나 즉각적인 해결책을 던져주는 것은 아이의 자율성을 방해해서 독립적으로 성장할 수 있는 기회를 박탈하는 셈이다. 있는 그대로의 아이를 받아들이고 스스로 성공을 경험할 수 있는 기회를 최대한 많이 제공한다. 육아는 부모가 아이를 원하는 사람으로 키우는 것이 아니라, 아이가 원하고 자신이 되고 싶은 사람이 되도록 성장시키는 것이다.

실천 팁!

도전해볼 만한 아이의 작은 성공

2단, 3단 줄넘기
간단한 요리 해보기
퍼즐 완성하기
책 한 권 끝까지 읽기
문제집 다 풀기
자기 방 청소하기
친구들에게 편지 쓰기

도전해볼 만한 엄마의 작은 성공

독서 30분 + 글쓰기 30분
긍정 확언 + 목표 확언 + 감사 일기
단지 내 걷기
하루 일정 보고서 만들기
운전할 때 강의 듣기
아이들과 많이 웃기
아이들에게 사과하기
아이들에게 사랑한다고 10번 이상 말하기
아이들 10번 이상 안아주기

→ 자율적으로 수행한 일로 작은 성공 경험이 모이면 자신감을 갖고, 성공을 향한 신념과 태도를 지닌다.

5

부모와 추억이 많은 아이가 바르게 자란다

2018년 문화체육관광부에서 국민 여행 실태를 조사했다. 조사 결과, 우리나라 만 15세 이상의 89.2%가 국내 여행을 경험한 것으로 나타났다. 국내 여행 횟수는 국민 1인당 평균 약 6.92회였다. 많은 부모들이 아이들을 데리고 놀러 가는데, 아이들이 즐거워하기 때문이라고만 생각하는 경우가 많다. 그러나 익숙한 장소를 벗어나는 데 그치면 아이에게 의미 없는 경험으로 끝나기 쉽다. 돈과 시간이 드는 만큼 여행의 의미를 생각하고 여행을 좀 더 의미 있게 만들어야 한다.

여행의 이유

여행은 삶의 만족도에 영향을 준다. 2016년 한국문화관광연구원이 조사한 결과, 여행 경험자의 삶의 만족도가 3.49점으로 비경험자 3.32점보다 0.17점 높은 것으로 나타났다.

사람들은 아름다운 산이나 바닷가를 보러 찾아간다. 자연은 마음을 편안하게 해주고 스트레스나 피로 회복에도 도움을 준다. 일본의 한 의과 대학교에서 치료가 끝난 유방암 환자를 2주간 숲에 머물게 한 뒤 혈액의 변화를 살펴보았더니, 암세포를 공격하는 NK세포와 면역세포인 T세포가 모두 증가했다고 한다. 피톤치드나 음이온 등이 부교감신경계를 안정시키고, 뇌에 피가 골고루 전해지면서 전두엽이 활성화되어 편안함을 느낀다.

여행을 통해 색다른 문화를 접하고 다양한 사람들의 삶의 방식을 배운다. 삶에 대한 관점과 사물을 보는 방식도 바뀌고 외국의 친구들을 사귈 수도 있다. 다양한 사람들과의 소통은 공감 능력을 발달시킨다. 일본어를 하다 보니 일본에 갈 일이 많았는데, 그들이 보는 한국과 내가 보는 일본을 서로 이야기하며 시야가 넓어졌다. 새로운 사람들과 다양한 이야기를 나누는 것이 무척 즐거웠다. 새로운 기술을 배우고 아이디어를 얻는 데도 도움이 되었다. 새로운 기회의 세계가 열리는 느낌이었다. 이렇듯 여행은 시야를 넓혀주어 창조적인 능력을 향상하는 데 도움을 준다.

파울로 코엘료는 여행은 돈이 아니라 용기의 문제라고 했다. 일상생활에서는 이것저것 걱정에 치여 온전히 자신에게 집중할 수 있는 시간이 없다. 여행은 '나'에 대해 알아가는 기회를 준다. 여행 중에는 아무런 부담 없이 새로운 문화를 접하고 새로운 사람을 만나며 생각의 폭을 넓힐 수 있다. 그리고 본능적으로 하고 싶은 것을 찾으며 자신의 내면과 마주한다. 내가 무엇을 좋아하는지, 어떤 것에 희열을 느끼는지, 내가 어떻게 살아가는지 객관적으로 바라볼 수 있다.

⊹ 부모와의 여행이 중요한 이유

마르셀 프루스트는 《잃어버린 시간을 찾아서》에서 홍차에 마들렌을 적셔 먹으려는 순간 어릴 때 먹던 마들렌 향기가 떠올랐다는 이야기가 나오는데, 작가가 소설을 쓰게 된 계기가 어릴 때의 그 향기라고 한다. 뇌의 각 부분에 자극이 주어지면 과거에 좋았거나 나빴던 감정이 소환된다. 인간의 기억은 오감을 통해 뇌에 전달되어 무의식에 기록된다고 한다.

뇌세포는 1천억 개 이상으로, 신호 체계에 따라 정보를 끊임없이 전달한다. 신경세포 뉴런과 신경세포 간의 연결 부분이 시냅스인데, 이곳의 변연계에는 감정이 저장된다. 해마에는 언어적 기억, 의식적 기억 등이 저장된다. 뉴런을 통해 전달되는 전기 신호가 누출되거나 흩어지지 않게 보호하는 절연체 구실을 하는 것을 미엘린이라 하는데, 경험이 반복되면 그때의 기억이나 감정은 점점 강해지고 시냅스를 에워싸고 있는 미엘린이 두꺼워진다. 기억은 마들렌의 냄새처럼 유사한 상황을 만나면 외부로 출력된다. 우리의 말과 행동의 90% 이상은 미엘린의 영향이라고 한다.

신경학 연구에 의하면 연습을 많이 할수록 미엘린이 더 두껍게 만들어진다고 한다. 미엘린이 두꺼워지면 전기신호의 강도가 높아져서 수행의 수준이 높아진다. 미엘린이 두꺼울수록 조금만 자극이 주어져도 기억이나 감정이 빠르게 인출되는 것이다. 그런데 미엘린은 긍정과 부정을 구분하지 못한다. 부정적인 기억은 더 충격적으로 다가오기 때문에 긍정의 경험보다 미엘린이 더 두껍게 형성된다고 한다. 기억과 감정은 과거와 현재, 미래도 구분하지 못한다. 과거의 기억이 현재의 행동을 지배하는 것도 그래서다. 학습도 마찬가지여서, 학습에 대한 긍정적인 경험이 많을수록 현재 학습에 좋은 영향을 가져온다. 과거의 학습 경험은 현재의 학습에 영향을 미친다.

부모에게도 유효 기간이 있다. 아이들이 부모를 절대적으로 따르는 것은 기껏해야 초등학교 3학년이고, 대개 초등학교 4학년 때부터 사춘기라고 한다. 사춘기가 되면 아이들은 부모보다 친구의 말을 따르고, 부모에게서 독립해서 스스로 판단하고 싶어 한다.

그러나 어렸을 때부터 부모가 아이와 잘 놀아주면 좋은 추억이 쌓이면서 단단한 공감대가 형성된다. 추억이 많을수록 부모에 대한 공감력이 높아진다. 어릴 때 부모와 손잡고 여행 다닌 추억은 아이들의 정서에 큰 힘이 되므로 힘든 일이 생겨도 잘 극복할 수 있다. 이렇듯 어릴 때 부모와 쌓은 신뢰는 아이가 비뚤어지지 않게 붙들어주는 정신적 힘이 된다.

여행과 아이의 진로

여행은 자발적으로 움직이게 한다. 새로운 환경에서 새로운 경험을 통해 다양한 자극을 받으면 아이는 다양한 생각을 할 수 있다. 세상이 자신의 생각과는 다른 점이 많다는 사실을 깨닫는 것은 아이의 진로 활동에도 중요한 영향을 미친다. 여행은 공부만이 아니라 진로에 관해서도 생각할 기회가 된다. 진로는 다양한 경험을 하면서 자연스럽게 고민하는데, 아이는 여행을 통해 점점 다양한 생각을 하고 자신에 대해 깊이 생각할 수 있다.

여행이 놀이로 끝나지 않으려면 아이에게 목적과 활동 내용을 정확히 이해시켜야 한다. 아이도 여행의 정확한 목적과 이유를 알면 그것에 맞춰 행동할 수 있다. 단순히 보고 느끼는 것을 넘어 기록으로 남기는 것이 좋다. 자신이 경험하고 느낀 것을 기록하다 보면 그와 연관된 진로에 대해 생각하는 계기가 되기 때문이다. 물론 모든 경험이 무조건 진로를 생각하게 만드는 것은 아니지만, 여행을 통해 직접 보고 느끼기 때문에 책을 읽는 것보다 더 강력하다. 다양한 생각을 하는 과정은 진로 설정에 결정적인 영향력을 발휘한다.

아이와 어떻게 하면 좀 더 의미 있는 여행을 할 수 있을까 고민하다가, 문득 교과서를 중심으로 여행하면 좋겠다는 생각이 들었다. 초등학교 고학년이 되면 학교에서도 역사 공부를 시작하기 때문이었다. 그래서 교과서 중심으로 여행지를 정했다. 다녀온 곳은 교과서에 표시해두었다. 친구들과도 같이 다니면 좋겠다는 생각이 들어 마음이 맞는 동네 엄마들과 함께 한 달에 한 번 체험학습을 진행했다. 아이들은 친구들과 함께 다니니 무척이나 즐거워했고, 사진으로 기록을 남겼다. 아이들은 지금까지도 그 친구들과 찍은 사진을 매우 소중히 여긴다.

여행은 체험학습에 투자하는 것과 같다. 새로운 경험을 하면 아이는 신기해하고 놀라워한다. 부모가 아이들과 손을 잡고 낯선 느낌과 새로운 감정을 공유하면 서로 의지하며 낯선 감정이 완화된다. 책상에 앉아서 하는 것만이 공부가 아니다. 여행은 부모와 같이 살아 있는 실전 공부를 하는 것이다.

아이들이 어릴 때는 일본 배낭여행을 함께 다녔다. 엄마가 일본 사람들과 이야기하는 모습을 보며 자라난 아이들은 외국어 공부에 부담을 갖지 않는다. 또한 외국어 공부의 필요성을 자연스럽게 터득했기에, 아이 스스로 외국어를 공부하고 있다.

✛ 아이와의 여행은 반드시 기록

《왜 여행이 중요한가(Why Travel Matters)》의 저자 크레이그 스토티는 "여행할 때 관광객(tourist)이 되어 즐거운 시간을 보낼 것인지, 아니면 여행가(traveler)가 되어 인생을 바꿔볼 것인지 선택할 수 있다"라고 말했다. 한 번의 여행이나 체험으로 아이가 극적으로 변하기를 바라는 것은 욕심이다. 하지만 꾸준히 체험하고 경험하다 보면 아이 스스로 생각하고 성장하며 진로에 대해 고민하는 시기가 온다. 아이와 같이 여행을 다니며 생각의 기회를 미리 늘리는 것이 좋다. 단순히 보고 느끼는 것으로 끝내지 말고 아이의 진로와 연결시키면 훨씬 가치 있는 시간으로 만들 수 있다.

실천 팁!

여행지에서 아이가 생각해볼 질문들

네가 하고 싶은 분야는 뭐야?

네가 싫어하는 것은 뭐가 있지?

너는 어떤 직업을 갖는 것이 좋을까?

너는 어떤 것을 할 때 행복감을 느껴?

너는 매일 하는 것 중에 뭐가 제일 싫어?

→ 평소 해야 할 질문들을 여행지에서 해본다.

4장

엄마가 달라지면 아이가 달라진다

1

부모에 따라 아이의 교육이 달라진다

처음부터 스스로 공부하는 아이는 없다. 대부분의 엄마들은 아이가 혼자 공부하면 자기주도학습이 이뤄질 것이라고 생각한다. 그러나 공부하는 방법을 배워야만 자기주도학습이 된다. 그러므로 본격적으로 공부를 시작하는 초등학생 때 스스로 공부하는 학습 습관을 잡아줘야 한다. 초등학교 시절에 제대로 자리 잡은 공부 습관은 평생 아이를 성장시키고 성공으로 이끄는 강력한 무기가 된다.

이렇듯 아이의 인생은 부모의 관심과 노력에 따라 달라진다. 학습의 중심에 부모가 있어야 하는 이유다. 자기주도학습은 결코 독학이 아니다. 부모는 아이를 어떤 모습으로 대할지 스스로 점검해볼 필요가 있다.

⊹ 부모를 공부하는 시간

스스로 배우는 법을 아는 아이들은 성적이 우수하며, 살면서 마주하는 수많은 난관 앞에서도 쉽게 포기하지 않는다. 문제 상황을 적극적으로 돌파해나가는 습관을 갖고 있다. 인생의 어려움은 해결 능력이 없는 사람에게는 걸림돌이지만, 해결할 수 있는 사람에게는 성공의 디딤돌이다. 어려움 앞에서 좌절하는 아이가 될지, 디딤돌로 삼아 극복하는 아이로 성장할지는 부모에게 달렸다. 따라서 부모의 생각과 행동을 전략적으로 바꿔야 한다.

초등학생 때 형성된 습관은 평생을 좌우한다. 아이의 수준에 맞지 않게 거창한 목표를 세우기보다는 하루 공부 30분, 학습지 3장 풀기, 책 10페이지 읽기 등 자녀가 실행할 수 있는 구체적인 계획이 좋다. 매일 아이가 일어나기 전에 무엇을 공부해야 할지 공부할 양을 표시해 책상에 놓아둔다. 사춘기 전에는 학습 습관을 형성해주되, 중학생이 되면 그 주도권은 아이에게로 넘긴다. 그때부터는 아이가 얼마나 자기주도적으로 공부하느냐에 따라 공부의 성패가 결정된다.

부모의 양육 태도는 자녀의 지능, 성격, 가치관 형성에 많은 영향을 준다. 아이를 잘 키우는 데 가장 중요한 것은 부모의 관심과 사랑이다. 그리고 그 마음을 자녀에게 어떤 방식으로 표현하는지가 중요하다. 부모와 자녀의 관계는 자녀가 살면서 만나는 모든 대인관계의 기본이 되기 때문이다. 부모도 처음 부모가 된 것이고, 각기 다른 성향의 아이를 건강하게 키우거나 아이의 삶에 개입하는 것도 처음이다. 저절로 부모가 되진 않는다. 부모도 공부가 필요하다.

사람은 태어나서 자립이 가능할 때까지 일정 기간 부모님의 도움이 필요하다. 부모가 살아온 습관대로 아이에게 개입하면 아이와의 관계는 무너지고 악순환에 빠져버린다. 그러므로 부모도 똑똑하고 현명한 개입 방법을 배우고 실천하려는 노력이 필요하다.

부모의 개입 유형

버클리 대학교의 아동 발달 전문가이자 심리학자인 다이애나 바움린드는 자녀 양육 방식과 아동의 사회적 능력 간에 어떤 관계가 있는지 알아보기 위해 부모와 자녀 간의 상호작용을 관찰했다. 그 결과, 부모의 양육 유형에 따라 자녀들의 발달 결과가 크게 달라진다고 한다. 자녀를 양육할 때 가장 중요한 부모 태도를 애정과 통제로 보았다. 애정은 아이에게 자주 웃어주고 칭찬하는 것이고, 통제는 아이에게 적절한 행동을 요구하며 한계를 설정하는 것이다. 자신이 어떤 유형에 해당하는지 알아보고 성찰하면 아이의 행동을 좀 더 이해할 수 있고 제때 아이가 필요로 하는 도움을 줄 수 있다. 애정과 통제의 정도에 따라 부모 유형을 다음의 네 가지로 구분했다.

첫째, 통제형 부모 유형이다. 통제형 부모는 잔소리가 심하다. 아이가 미숙하고 부족하다고 느끼기 때문이다. 아이에게 가르쳐 줄 게 많으므로 아이의 일에 최대한 개입해야 한다고 생각한다.

칭찬하기보다는 아이를 혼내서라도 올바른 길로 인도해야 한다는 생각이 강하다. 물가에 내놓은 것처럼 매사 불안해하며 아이를 자신의 손으로 이끌어야만 안전하다고 생각한다. 통제형 부모 밑에서 자란 아이는 경험하고 도전해야 할 과제를 접하지 못한다. 위험하다는 이유로 부모가 아이의 경험을 빼앗기 때문이다.

이는 자신이 직접 나서야 직성이 풀리는 '과잉형 부모'라고도 할 수 있는데, 이런 부모는 모든 일에 개입해서 아이를 조종하려고 한다. 아이를 자신의 분신이라고 여기고 부모의 의향대로 따라오지 않으면 다그친다. 이런 부모는 내 아이가 뒤처지지 않도록 공부를 많이 시키려고 하는데, 사교육의 기준은 대부분 이웃이나 주변 엄마다. 과잉형 엄마 밑에서 자란 아이들은 의존성이 강하고 자존감이 낮으며 생기가 없다. 결정권을 가지고 자기 뜻대로 이끌어본 경험이 부족하기 때문에 단체 활동에서 주도권을 쥐지 못한다. 행동에 자신감이 부족하고 위축된 태도를 보인다.

둘째, 교육형 부모 유형이다. 아이의 공부가 곧 내 공부라고 생각해서 자녀가 학교에서 돌아와 공부가 어렵다고 투정하면 어디가 어려운지 교과서부터 펼친다. 교육형 부모는 크게 평가 목표형과 학습 목표형으로 나뉜다. 평가 목표형 부모는 100점 성적표를 들고 오면 아이의 노력보다는 평가 그 자체에 의미를 둔다. 학습 목표형 부모는 아이가 학습 목표를 이루는 과정에서 만족감을 느낀다. 평가 목표형 부모 아래서 성장한 아이들은 조금만 어려운 문제에 부딪혀도 지레 겁을 먹고 쉽게 포기한다.

통제형 부모나 평가 목표형 부모라면 자신의 성장 과정을 돌이켜볼 필요가 있다. 대개 부모는 자신의 문제를 아이에게 투사해서 개입하는 경우가 있기 때문이다. 유난히 아이의 성적에 집착하는 부모라면 성장 과정에서 생긴 학습 트라우마를 아이에게 내비치는 것은 아닌지 돌아본다. 이러한 부모는 자신의 결핍과 불안감을 고스란히 아이에게 대물림하면서 과도한 감정 표현으로 아이를 휘두를 가능성이 높다. 이런 엄마들 둔 아이들은 우울증에 걸릴 확률이 높고 슬픔과 분노와 같은 감정에 사로잡히기 쉽다.

셋째, 방임형 유형이다. 바쁘다는 핑계로 아이를 지나치게 믿거나 아예 내버려두는 부모로, 스스로 알아서 잘할 것이라고 막연히 믿을 뿐 실제적인 도움은 주지 않는다. 아이의 생활에 별다른 관심이 없고, 과제나 준비물도 알아서 챙기겠거니 생각하고 내버려둔다. 자율과 방임은 종이 한 장 차이다. 아이들은 엄마의 사랑과 보호가 필요한 존재다. 지나친 개입은 지양해야 하지만 적절한 관리가 필요하다.

선택의 자유가 너무 지나치면 아이는 제멋대로 굴면서 질서와 규율을 배울 수 없다. 이런 부모에게서 자란 자녀는 사회생활을 하는 데 어려움을 느낀다. 다른 사람들과 협력하는 법을 배우지 못했기 때문이다. 부모가 감정과 행동의 한계를 지어주지 않으면 아이는 자기중심적으로 흘러간다. 적절하게 행동하는 법을 모르니 문제 해결력도 낮고 학습에 집중하기도 어렵다. 아이의 소속감과 안정감은 질서라는 테두리에서 생겨난다는 점을 알아야 한다.

넷째, 코치형 부모로 전략을 제시하는 유형이다. 인생이라는 경기장에서 경기를 뛰는 것은 아이이다. 부모가 아이와 함께 밤새워 시험 공부를 할 수는 있어도 시험장에 대신 들어갈 수는 없다. 그러므로 아이가 원하고 필요로 할 때 도와주고 빠져주면서 부드럽게 개입한다. 이런 부모는 아이가 주도성을 갖고 자율적으로 선택하도록 유도하고, 잘할 수 있도록 격려해주며, 일방적인 지시보다는 질문을 통해 스스로 생각할 수 있는 힘을 기르게 해준다. 아이 스스로 문제를 헤쳐 나갈 수 있게 도와주므로 가장 이상적이다.

부모가 아이에게 너무 개입해도 문제지만, 너무 방임해도 문제가 된다. 그러므로 자신의 개입 방식을 되돌아보고 부족한 점을 보완해야 한다. 어떻게 개입하면 좋은지 고민하고 제대로 된 개입법과 표현법을 익혀야 한다.

통제형 부모는 훈육자에서 상담자와 동반자로 진화하고, 교육형 부모는 자신의 감정을 잘 추스르고 긍정적인 마음을 갖도록 노력한다. 방임형 부모라면 아이의 가장 기본적인 것도 챙기지 못하고 있다는 것을 자각해야 한다. 코치형 부모는 아이의 감정을 늘 존중하고 능력을 인정하고 믿어주기 때문에, 아이의 자존감이 높고 문제 해결 능력이 뛰어나다. 지향해야 할 부모의 모습이다.

✢ 엄마가 성장하면 아이도 성장한다

어떤 유형의 엄마이건 지금부터가 중요하다. 누구나 완벽할 수 없고 실수할 수도 있다. 스스로에 대해서 알았다면 부족한 점을 채우면 된다. 잘못된 점은 고쳐나가려는 노력이 중요하다. 아이들의 성장을 도우려면 보호하는 동시에 자유를 허용해야 한다. 아이에게 닥칠 미래의 일은 부모가 대신 해줄 수도 없고, 시시때때로 찾아오는 어려움이나 위험을 막아줄 수도 없다. 부모가 할 수 있는 일은 아이에게 좌절을 견딜 수 있는 힘을 물려주는 것이다. 부모는 자신과 아이를 위해 성장해야 한다. 그런 부모를 바라보는 것만으로도 아이는 저절로 성장하며 행복감을 느낀다.

실천 팁!

부모의 성격과 자녀 교육 유형

1. 게으름 + 교육 철학 없음

1. 타의든 자의든 교육에 깊은 관심이 없어서 교육 철학이 없다.
2. 시험이 닥쳐야 준비하는 다소 게으른 유형
3. 아이가 엄마를 믿지 못하기 때문에 오히려 스스로 챙긴다.

→ 교육 철학이 없고 게으른 부모가 자녀에게는 오히려 낫다.

2. 게으름 + 교육 철학 있음

1. 교육 철학을 갖추었다.
2. 부지런히 준비하기는 어려우며, 일과 육아를 병행하는 경우가 많다.
3. 자녀를 대할 때 감정을 통제할 수 있을 만큼 이성적이고 일관성을 갖추고 있다.
4. 이런 유형의 부모는 위임할 줄 안다.
5. 아이에게 정보를 제공해주는 부지런함이 부족하다.
6. 아이는 게으른 부모만 믿다가는 자신의 미래가 위험해질지 모른다고 생각해서 먼저 성숙해진다.
7. 부모의 노력에 비해 훌륭하게 잘 자라는 아이들이 많다.

3. 부지런함 + 교육 철학 없음

1. 최악의 부모
2. 우리나라의 약 60% 부모가 이 유형에 속한다.
3. 교육 철학 없이 부지런하다.

4. 자녀에 대한 사랑과 열성은 인정할 만하다.

5. 시행착오를 거치다가 많은 시간과 노력을 낭비하고 좌절할 수 있다.

4. 부지런한 + 교육 철학 있음

1. 교육 철학이 있는 상태에서 아이를 부지런히 도와준다.
2. 교육 설명회, 교육 서적 등 정보에도 해박하기 위해 노력한다.
3. 아이 옆에서 격려해주고, 학원과 과외 일정 등에 맞춰 고생을 덜하도록 도와준다.
4. 아이는 어느 정도 이상의 성과를 거둘 수 있다.

나는 아이의 인생에 어떤 모습으로 영향을 끼치고 있는가?
→ 교육 철학이 있고 무관심한 부모 유형이 낫다.

2

아이의 에너지는 부모에게서 나온다

아이의 에너지는 부모에게서 나온다. 부모의 태도는 아이들의 태도를 결정할 수 있기 때문이다. 아이들이 쏟아내는 부정적인 에너지도 얼마든지 좋은 쪽으로 바꿀 수 있다. 아이가 “정말 화나서 죽겠어”라고 말해도 부모가 의연하고 따뜻하게 대해주면 아이는 안심한다. 진심으로 아이의 이야기를 들어주면 아이들의 부정적 에너지는 반감한다. 반항하는 아이를 그대로 놔두는 것도 문제지만, 아이들의 반항을 회피하면 진정한 어른으로 크지 못할 수 있다. 문제 아동이란 없다. 문제가 있는 부모가 있을 뿐이다. 아이의 에너지는 부모의 영향이 크다.

부모의 부정적 에너지

미국 한 대학의 부모의 꾸중에 관해 조사했다. 아이가 태어나서 5살이 되기 전까지 부모에게 듣는 질책이 최소 4만 번이라고 한다. 한 달이면 666번, 하루 22번에 해당하는 엄청난 횟수다. "넌 왜 그렇게 못하니?" "네가 하는 게 다 그렇지"와 같은 부정적인 말과 에너지는 아이의 발목을 묶는 족쇄가 된다. 아이는 부모의 말대로 은연중에 믿고 그렇게 생각하게 된다. 앞에서 설명했듯, 미엘린이 부정적 감정을 통해 두꺼워지며 부정적 인식에 빠르게 반응하기 때문이다. 아이는 부모가 한계 지어놓은 그대로 자신을 '쓸모없고 한심한 사람'으로 인식한다.

태국에서는 코끼리가 태어나면 쇠사슬로 다리를 묶어서 기둥에 걸어놓는다. 처음에는 답답함을 느껴 쇠사슬에서 벗어나기 위해 안간힘을 쓰지만 곧 어쩔 수 없다는 사실을 깨닫고 나면 더는 쇠사슬을 끊으려고 하지 않는다. 그래서 집채만 한 성인 코끼리가 되어도 여전히 쇠사슬에 묶여만 지낸다. 쇠사슬을 끊을 수 있는 힘을 가졌지만 벗어나려는 생각 자체를 하지 않는 것이다.

아이에게 대한 부정적 인식은 코끼리의 쇠사슬처럼 부모가 만든 한계선이다. 아무리 많은 가능성을 가진 아이라도 부모가 능력이 부족한 아이로 족쇄를 채우면 아이는 자신의 가능성 자체를 고려하지 않는다. 부모가 전교 1등만을 바라면 1등을 제외한 성적은 전혀 인정받을 수 없다. 이런 가정에서 자란 아이에게 부모는 엄청난 공포와 스트레스다. 아무리 노력해도 부모를 만족시킬 수 없는 아이에게 왜 그것밖에 못하느냐고 질책하면 곧 아이의 인생을 묶는 족쇄가 되어버린다.

아이의 부정적 에너지는 엄마가 가진 불안감도 큰 몫을 한다. 부모가 지닌 불안은 어릴 적 자신의 성장 과정에서 비롯된 경우가 많다. 어렸을 적의 불행한 경험이 트라우마가 되어 아이에게 투영되면 자신이 보고 자란 대로 아이를 대한다. 따라서 자신의 성장 과정을 돌이켜 보고 내재한 트라우마는 없는지 살펴본다. 자신도 모르는 사이에 아이에게 상처를 주고 있다면 빨리 감정의 대물림을 끊어야 한다. 부모의 감정은 아이에게로 그대로 흘러가므로, 아이가 정서적으로 아프다면 부모의 에너지가 오염된 것이다.

부모와 아이의 마음 챙김 훈련

미국의 미들섹스 고등학교 학생들은 1주일에 2번씩, 마음을 비우고 정신을 집중하는 훈련을 한다고 한다. 마음 챙김 훈련이다. 이 훈련은 스트레스를 줄이고 긍정적인 감정을 유지하도록 한다. 처음에는 자율적이었는데, 3년 전부터 전교생이 의무적으로 듣는 수업이 되었다. 미들섹스 고등학교 덕 워든 선생님은 마음 챙김 훈련이 아이들의 몸과 마음을 편하게 하는 데 큰 도움을 준다고 했다. 아이들은 이 훈련을 통해 극심한 흥분 상태에서 벗어나 이제껏 학습했던 지식에 접근할 수 있다.

미들섹스 고등학교의 학부모들도 1주일에 1번씩, 마음 챙김 훈련을 진행하고 있다. 아이들이 즐거운 마음으로 공부하려면 아이들만큼 부모도 마음 교육을 해야 한다. 부모가 경쟁 교육의 불안함에서 자유롭지 않으면 자녀 역시 그 영향을 받을 수밖에 없다. 이 프로그램에 참여하면서 부모의 대화 방식이 바뀌어서 열린 마음으로 아이의 이야기를 진심으로 들어주게 되었다고 한다.

"아이에게 잔소리를 늘어놓고 싶기도 하지만, 순간적인 감정에 휘둘리지 않고 깊게 호흡합니다. 아이들의 말을 좀 더 열린 마음으로 듣게 됐어요. 과거에는 스트레스가 엄청났죠. 몸 전체가 긴장으로 가득 찼고 생각을 멈출 수가 없었어요. 지금은 달라요. 비슷한 일로 스트레스를 받으면 먼저 한발 물러나서 생각해요."

이렇게 나쁜 에너지를 아이에게 보내지 않고 컨트롤하도록 바뀐 부모도 있다.

부모가 마음의 방향을 바꾸면 아이들의 생각도 바뀐다. 변명거리를 찾고 부정적 생각에 초점을 맞추던 것이 문제의 해결로 향한다. 아이의 잠재력을 인정하는 엄마는 자녀 교육에 최소한으로 개입한다. 페이스메이커가 되어 마라토너인 아이가 완주할 수 있도록 옆에서 묵묵히 같이 달려주며 아이를 격려할 뿐이다. 그들은 꾸중보다는 칭찬을 통해 자녀에게 자신감을 심어주고 아이 스스로 문제 해결력을 키울 수 있도록 조언을 아끼지 않는다. 부모는 자신을 아이의 협력자라고 생각하고 부모의 역할에 집중한다. 이런 부모 밑에서 자란 아이는 성인이 되어서 주도적으로 행복한 삶을 이끌어갈 수 있다.

+ 긍정적 마음의 효과

미국 카네기멜론 대학교의 심리면역학자 셸던 코헨과 연구진은 4년 동안 건강한 성인 400명을 감기 바이러스에 노출시키고 발병률을 관찰했다. 감기 바이러스에 노출되면 어떤 사람이 감기에 더 잘 걸리는지 실험한 결과, 사회활동이 활발한 사람들은 그렇지 않은 사람보다 감기에 잘 걸리지 않았다. 가족, 친구, 직장, 종교, 취미 등 교제 그룹이 3개 이하인 사람은 6개 이상인 사람보다 감기에 걸릴 확률이 4배 이상 높았다. 긍정적인 정서가 면역력을 높인다는 사실을 입증한 것이다.

하버드 대학교 심리학과 에이미 커디 교수도 재미있는 실험을 했다. 실험자들을 두 그룹으로 나누고, 한 그룹은 당당한 자세를 취하고 다른 그룹은 움츠린 자세로 2분 동안 있게 했다. 그 결과 당당한 자세를 취한 그룹은 남성 호르몬이 올라가고 스트레스 호르몬이 떨어졌다. 행동에서도 변화가 컸다. 게임을 시키자 당당한 자세를 취한 그룹은 더 적극적으로 움직였다.

취소 효과라는 심리학 용어가 있다. 긍정적인 감정을 느낀 사람이 부정적인 감정을 유지한 사람보다 더 빨리 안정적인 상태로 회복한다는 것이다. 긍정의 감정이 부정적인 감정을 빠르게 회복시키고 긍정적인 사고의 폭을 넓혀준다. 긍정적인 사람들이 좀 더 수월하게 스트레스를 벗어나 긍정의 정서로 옮겨 갈 가능성이 높다. 즉, 긍정적인 정서를 자주 느낀 사람은 또 다른 긍정 정서를 경험할 힘이 있다. 부모의 회복력과 생각은 아이가 긍정적 심리를 키우는 자원이 된다. 부모와 아이 사이에 긍정 정서를 불러일으키는 선순환이 형성되어, 부모가 긍정적이면 아이도 긍정적으로 자랄 수밖에 없다.

감사하기 훈련도 비슷한 원리다. 연세대학교 언론홍보영상학부 김주환 교수는 며칠간 감사를 하면 뇌가 변한다고 주장한다. 매일 감사한 일을 생각하면 뇌가 변한다는 것이다. 감사하는 마음이 습관화되면 면역력이 올라가고 정신이 강화된다. 이화여자대학교 교육대학원의 한 논문에 의하면 감사 일기를 쓰는 초등학생은 쓰지 않는 학생보다 행복감 지수가 높았고, 자기 효능감, 친구 관계, 가정환경을 좋게 만드는 데 긍정적인 효과를 보였다. 감사하면 기분이 좋아지고 성격이나 신체에도 영향을 미친다. 부모가 긍정의 마음을 갖는 것이 본인에게나 아이에게 모두 이득이다. 다시 말해 부모가 행복해야 아이도 행복하다.

부모가 웃어야 아이도 웃는다

일본 요리 학교로 진학하려는 학생을 상담한 적이 있다. 자신의 꿈은 최고의 셰프가 되는 것이라고 말했다. 학교 공부는 못하지만 요리하는 것이 너무 재미있다며 환하게 웃었다. 아이는 참 구김살이 없었다. 그 엄마와 상담하는데, 아이가 만든 요리 사진을 보여주며 기쁨 가득한 얼굴로 이야기했다. 아이가 좋아하는 것을 존중하는 엄마의 모습에서 아이도 자신감을 잃지 않았던 것이다. 엄마의 든든한 믿음이 아이를 강하게 만들고 즐겁게 살아갈 수 있는 힘이라는 것을 느낄 수 있었다. 부모가 아이의 잠재력을 믿어주면 표정부터 다르다.

실천 팁!

엄마 마음 돌보기

1. 아이에게 감사한 것 쓰기
2. 내 일상에서 감사한 것 쓰기
3. 하루에 한 가지 내가 좋아하는 것 하기
4. 심호흡하기
5. 서두르지 말고 집안일하기
6. 5분을 정해서 지금 내 기분이 어떤지 살피기
7. 내 몸의 자세와 긴장을 인식하기
8. 매일 30분 정도, 느린 속도로 걸어보고 빨리도 걸어보면서 자신의 페이스 찾아보기

아이의 마음을 여는 5단계
아이의 마음을 열어라!

1단계 : 아이의 감정 인식하기

2단계 : 아이의 감정적 순간을 친해지고 가르치는 기회로 만들기

3단계 : 아이의 감정을 들어주고 말로 표현하여 공감해주기

4단계 : 아이 스스로 자기 감정을 표현하도록 도와주기

5단계 : 스스로 적절한 해결책을 찾도록 도와주고 행동의 한계 정해주기

아이의 감정을 다스려주는 방법

부모가 먼저 사과하기
아이에게 도움이 되는 칭찬하기
아이를 제대로 꾸중하기
아이를 지지하는 피드백 주기
아이가 좋아하는 것 하게 하기
아이가 스스로 학원 선택하게 하기

3

부모는 아이의 성장 시기에 따라 필요한 역할을 해야 한다

아이는 부모를 통해 세상을 배운다. 아이가 성장하는 데 부모는 압도적으로 중요한 역할을 한다. 하지만 정작 많은 부모가 제대로 부모 교육을 받지도 않고 부모가 된다. 부모들이 아이들에게 감정적인 실수를 저지르는 가장 큰 이유는 부모가 처음이기 때문이다. 그러나 부모가 사랑이라는 이름으로 아이에게 저지르는 실수가 얼마나 많은지 뒤돌아볼 때다.

✢ 아이의 발달 단계 이해하기

E. H. 에릭슨은 심리사회적 발달 이론을 주장했는데, 인간의 성격은 내적인 요인과 외적인 요인에 의해 형성되고 발달된다는 것이다. 인간을 상황 속의 개인으로 바라보고 타인의 개입이 필요하다면서 인간 발달의 사회적 측면을 강조한다. 각 발달 단계

는 8단계로 나뉘며 그 시기에 반드시 해결되어야 하는 발달 과업이 있는데, 과업 성취가 잘되면 건강하게 발달하지만 그렇지 않으면 퇴행한다고 한다. 부모가 아이에게 어떻게 개입해야 하는지 시사하는 바가 크다.

1단계(출생~생후 18개월)

신뢰감 대 불신감의 단계로, 부모에게 지속적이고 일관성 있는 보살핌과 사랑을 받으면 신뢰감이 형성되고 그렇지 못하면 불신감을 갖는 시기다. 이때 형성된 애착 관계는 아이의 평생을 좌우할 만큼 강력한 힘을 발휘한다. 영아의 신체적, 심리적 욕구를 충족시켜주지 못하면 아이는 평생 그 결핍을 채우려고 몸부림친다. 문제아라고 평가받는 아이들은 대개 부모와의 애착 형성에 문제가 있다. 만약 피치 못할 상황으로 영아 시절에 아이에게 사랑을 듬뿍 쏟지 못했다면 아이의 구멍 난 가슴을 사랑으로 채워주기 위해 끊임없이 노력해야 한다.

2단계(생후 18개월~3세)

자율성 대 수치심(의심)의 단계로, 아이는 주변 환경을 자유롭게 탐색하며 스스로 먹고 걷고 배변 활동 등을 하며 자율성을 키운다. 엄마는 아이의 자발적 행동을 칭찬해야 한다. 지나치게 통제하거나 과잉보호하면 아이는 수치심을 느끼고 자기 능력에 의심을 품는다. 아이가 조금 위태롭거나 걱정되어도 스스로 하도록 둔다. 자신감이 부족한 아이들은 대부분 심리 발달 기저에 자율성 문제가 있는 경우가 많다. 우리 아이가 이런 낌새를 보인다면 작은 일이라도 아이가 자율적으로 성취할 수 있도록 도와준다. 크든 작든 성공 경험은 할수록 아이에게 이롭다.

3단계(3~6세)

주도성 대 죄책감의 단계로, 자율성을 바탕으로 새로운 것을 시도하고 적극적으로 수행하려는 욕구가 생기는 때다. 이때 아이가 스스로 탐구하고 실험할 수 있도록 자기주도성을 허용한다. 아이를 지나치게 통제하면 자신의 행동에 죄책감을 느낄 수 있다. 이 시기의 아이들은 곳곳을 뒤지고 물건들을 꺼내며 무언가를 밟고 높은 곳에 올라가려고 한다. 부모는 아이의 에너지를 지나치게 통제하거나 윽박지르지 않는다. 집이 지저분해지더라도 참는다. 아이가 마음껏 자율성을 발휘할 수 있도록 도와주는 것이 중요하기 때문이다. 이것도 한때라서 이 시기를 부모가 참아내지 못하면 아이는 주도성을 잃고 죄책감을 느낄 수 있다.

4단계(6~12세)

근면성 대 열등감의 단계로, 아이가 자신이 이룬 업적에 대해 인정받고픈 욕구가 큰 시기다. 아이의 성취를 인정하고 격려해주면 근면성이 활발하게 발달한다. 실패가 반복되거나 성취를 인정받지 못하면 아이는 열등감을 느낄 가능성이 높다. 이 시기는 자아 개념 형성에 매우 결정적인 시기이므로 한번 열등감이 생기면 평생 이를 해소하지 못하고 방황할 수도 있다. 사소한 것에 짜증을 내며 친구들을 공격하는 아이들은 대부분 열등감이 원인이다. 아이에게 열등감이 보인다면 부모는 아이의 단점보다는 장점을 강조해 칭찬한다. 능력보다는 노력한 과정에 집중해서 자주 칭찬하면 아이의 열등감이 점차 사라질 것이다.

✦ 부모의 똑똑한 개입

시기별 필요에 따라 부모가 똑똑하게 개입하면 아이는 건강하고 성숙한 마음을 지닌 사람으로 성장한다. 그러므로 부모도 아이와 함께 성장해야 한다. 과거에는 공부 잘하는 아이들이 환영받았지만, 지금은 개성과 재능을 우선시하는 시대다. 또한 사람들과 잘 어울리고 인성이 좋은 사람들이 환영받는다. 타인과 협력하며 행복하게 살아가기 위해서는 공부 이상으로 인성도 중요한 시대가 되었다. 아이는 성장하고 있는데 여전히 아이를 어린애 다루듯 하는 부모가 있는데, 아이의 성장에 따라 시기별로 부모의 역할도 달라져야 한다.

첫째, 유아기에는 기본 생활 습관을 잡아주는 훈육자의 역할이 필요하다. 이 시기의 아이들은 아직 옳고 그름에 대한 기준이 확고하지 않으므로 사회적 규범과 도덕, 질서를 잘 가르쳐주어야 한다. 어리니까, 내 아이니까 예뻐서 봐주고 넘어가다 보면 아이는 지켜야 할 규칙과 질서를 배우지 못하고, 다른 사람들에게 피해를 주는 사람이 될 수 있다. 교육하기가 쉽지는 않지만 애정을 갖고 꾸준히 지도하여 좋은 습관을 잡아주어야 한다. 대신 서툴러서 실수했다면 절대 야단치면 안 된다. 이럴 때는 아이가 당황하지 않도록 안심시켜주어야 한다.

둘째, 아동기에는 아이의 장점을 발견하고 부모의 사랑을 실감하게끔 하는 격려자의 역할이 필요하다. 부모가 원하는 게 아니라 아이가 원하고 배우고 싶어 하는 게 무엇인지 관찰해야 한다. 잔소리하지 않아도 스스로 배우고 싶어 하는 것이 아이의 장점이 될 수 있다. 부모가 시켜서 하는 공부는 학습에 대한 부정적인 인식을 심어줄 수 있다. 학습에 대한 무기력으로 이어질 수도 있으므로 아동기에는 놀이처럼 재미있게 공부할 수 있는 분위기를 조성해주어야 한다. 진로나 직업에 대한 생각이 자주 바뀌는 때라서, 아이가 잘하는 일과 하고 싶은 일 등을 구체적으로 생각할 수 있도록 다양한 대화를 나눈다. 실패한 일도 부모가 격려해주면 아이는 실패를 두려워하지 않고 시도할 수 있다.

셋째, 청소년기에 부모는 아이의 의사를 존중하는 상담자여야 한다. 아이들은 이 시기에 심리적, 신체적으로 급격한 변화를 경험하며 정체성을 확립해간다. 사춘기 아이들은 뇌에서 도파민이 불균형적으로 분비되어 변덕이 심해지고, 이성보다는 감정의 뇌가 더 발달하여 쉽게 흥분하기 때문에 감정 조절이 잘 안 된다. 이 시기에는 아이를 훈육하려 들면 오히려 역효과가 나므로 아이를 이해하고 정서적으로 좋은 관계를 유지해야 한다. 아이가 부모에 대한 좋은 감정이 있어야 부모의 조언을 받아들이기 쉽다. 그리고 부모는 인생을 먼저 살며 겪은 경험을 전해주는 친절한 상담자로서 길잡이가 되려 노력한다.

아이를 잘 교육하는 가장 좋은 방법은 부모 자신이 아이의 롤 모델이 되는 것이다. 인생을 직접 보며 어떻게 살아가야 하는지를 배울 수 있기 때문이다. 그렇기에 공부는 부모에게 더 필요하다. 아이들은 부모를 따라 하기가 더 쉽고, 성공할 수 있는 확실한 방법이다. 새로운 것을 배우며 자신의 인생을 즐기는 부모의 모습은 아이에게 훌륭한 롤 모델이 된다.

+ 시기별 부모 역할의 중요성

캘리포니아 버클리 대학교의 다이애난 바움린드 교수는 “아이들이 자율적이고 개성 있고 능력 있는 어른으로 성장하기 위해서는 탐험하고 실험할 자유와 함께 명백한 위험으로부터 보호받아야 한다”라고 했다. 아이들에게는 자유만큼이나 보호도 필요하다는 의미다. 아이가 성장하는 만큼 부모도 성장해야 한다. 그래야 아이의 시기에 맞게 필요한 부분을 파악할 수 있다. 부모는 인생 선배로서 아이를 안내하면서 잘 해낼 수 있도록 믿고 지지해주면 된다. 아이는 인생의 주도권을 스스로 쥐고, 엄마는 아이를 믿어주고 지켜보다 도움이 필요할 때 도와주면 된다. 평생 노력하며 공부하는 부모를 보며 아이는 닮아간다. 삶에 긍정적이고 행복한 부모만이 아이를 행복하게 할 수 있다.

실천 팁!

심리사회성 성격 발달 8단계

단계	나이		특징
1단계	0~1세	구강 감각기	★신뢰감과 불신감이라는 기본 갈등이 존재 ★세상에 대한 신뢰감이나 불신감을 학습
2단계	2~3세	근육 항문기	★자율성, 회의감, 수치심의 기본 갈등이 존재 ★자신의 힘으로 해보려 시도
3단계	4~5세	아동 생식기	★주도성과 죄책감의 기본 갈등이 존재 ★자율적이며 왕성한 호기심으로 주변 탐색
4단계	6~11세	잠복기	★근면성과 열등감의 기본 갈등이 존재 ★학교 생활의 근면성 익힘, 실패하면 열등감을 경험
5단계	12~18세	사춘기, 청년기	★자아 정체감과 정체감 혼미의 기본 갈등이 존재 ★정체감을 형성의 다양한 경험을 선호
6단계	18세~ 성인	성인 초기	★친근감과 고립감의 기본 갈등이 존재 ★타인에게 조건 없이 무엇인가 해주는 경험
7단계	중년	성인 중기	★생산성과 침체성의 기본 갈등이 존재 ★책임감을 강하게 나타내는 경험
8단계	노년	노년기	★자아 통합과 절망감의 기본 갈등이 존재 ★자신의 삶을 돌아보면서 의미 부여

4

행복하고 자존감 높은 부모가 행복하고 자존감 높은 아이를 키운다

부모의 행복은 부모 스스로 찾아야 한다. 아이가 부모를 행복하게 해줄 것이라고 기대해서는 안 된다. 아이는 부모를 기쁘게 해주려고 태어난 존재가 아니다. 부모는 아이의 거울이라서, 부모가 세상을 따뜻하게 바라보면 아이들도 그렇게 세상을 본다. 아이는 부모의 기대를 만족시키기 위해서 태어난 것이 아니라 자신의 무한한 가능성을 누리기 위해 이 세상에 온 것이다. 부모가 깨닫는 세상의 틀만큼 아이는 더 자유롭고 활기차게 살아가며 자신의 인생을 개척할 수 있다.

부모의 자존감이 아이의 자존감이다

1990년대 이탈리아의 신경생리학자 자코모 리촐라티는 원숭이의 이마 옆에서 거울신경을 발견했다. 이 신경의 영향으로 공간적, 심리적으로 가까이 있는 사람의 행동이나 표현을 보면 자신이 그 행동을 하는 것처럼 느낀다고 한다. 아이는 부모를 통해 자신을 바라보고 부모의 행동을 거울삼아 자신의 정체성을 확립해나간다. 부모의 말과 표정, 몸짓부터 생각과 감정 등 모든 것이 아이에게 영향을 미친다. 아이에게 부모는 자신을 바라보는 거울이자 세상과 연결되는 통로다. 그리고 아이의 자존감은 부모 하기에 달려 있다. 내 아이를 자존감 높게 키우고 싶다면 먼저 부모 자신을 돌아보아야 한다.

자존감은 미국의 의사이자 철학자인 윌리엄 제임스가 1890년대에 처음 사용하였다. 자존감은 자신의 모습을 있는 그대로 인정하고 존중할 줄 아는 마음이다. 자신이 다른 사람에게 사랑받을 만한 존재이며 무엇이든 해낼 수 있다는 믿음에서 비롯된다. 인간의 뇌는 태어나서 3세까지 80%나 발달하므로, 자존감은 대부분 어린 시절에 형성된다. 특히 주 양육자의 양육 수준과 환경에 가장 큰 영향을 받는다.

한편 부모의 온정적인 양육에 따라 뇌의 발달 양상이 달라질 수 있다고 한다. 아이가 일생을 살아가는 동안 신뢰감, 인간관계, 감성은 영유아기의 정서적 양육에 따라 형성된다. 생후 36개월까지 모든 경험은 오직 쾌와 불쾌의 감정으로 기억되는데, 이 시기에 정서에 대한 회로가 발달한다. 쾌를 경험한 아이들은 자라면서 계속해서 쾌를 추구하고, 불쾌를 경험한 아이는 불행으로 향한다. 다행히도 부정적인 감정은 나중에 긍정적인 경험을 하면 충분히 바뀔 수 있다고 한다.

미국의 교육심리학 잡지에서 말레이시아 5개 공립대학 대학생 383명을 대상으로 자존감과 자신감과의 관계를 조사했다. 연구 결과, 자존감이 높은 학생들은 낮은 학생들에 비해 성적이 좋고 자존감은 자신감과 유의미한 관계에 있었다. 자존감이 높은 아이들은 대체로 자아 개념이 명확하고 공감 능력이 뛰어났다. 어려운 문제가 발생해도 긍정적으로 판단하고 도전 의식도 강했다. 반면 자존감이 낮은 아이들은 표정이 어둡고 의기소침하며 공감 능력이 부족했고 어려운 문제는 회피하려고 했다.

주 양육자가 어떻게 아이를 대하느냐에 따라 아이의 자존감은 달라지며, 아이의 태도는 자존감에 따라 달라진다.

✢ 부모의 불안 다루기

부모의 낮은 자존감은 아이에게 큰 영향을 미친다. 낮은 자존감을 지닌 부모와 함께 지내면 무의식적으로 그 감정이 아이에게 대물림된다. 부모가 자신이 채우지 못한 욕구를 아이를 통해 해소하려 들기 때문이다. 아이에게 지나치게 기대하면 아이의 욕구와 부모의 욕구가 부딪히며 다툴 수밖에 없다. 아이의 자존감을 키우기 위해서는 엄마의 결핍부터 회복해야 한다.

프로이트는 무의식이 인간의 행동을 지배한다고 했다. 상처받고 치유되지 못한 과거의 감정이 성인이 된 후 삶으로 불쑥 튀어나오는 것을 상처받은 내면 아이라고 한다. 상처받은 내면 아이는 무의식적으로 나를 분노하고 슬프게 만들며 좌절하게 한다. 게다가 이는 대물림된다. 아이에게 공부만 하라고 다그치는 부모들은 공부로 인해 상처받은 자신의 내면 아이를 살펴볼 필요가 있다. 아이의 마음이 온전히 수용되지 않을 때는 부모 자신의 내면에서 상처를 찾아본다.

아이가 사춘기가 되면 부모는 다른 방식의 육아를 해야 한다. 인간은 독립적인 존재로 성장하는 과정에서 자기만의 세계관을 세우기 위해 부모의 가르침을 부정해야 하는 때가 온다. 아이는 독립하기 위해 그동안 부모에게 배운 삶의 방식과 가르침을 전면적으로 부정하며 부모를 뒤흔든다. 이때 부모는 어떻게 아이를 더 잘 키울 수 있을까 고민하기보다는 스스로의 마음을 들여다보고 자신의 삶에 집중해야 한다. 아이가 행복하길 바란다면 지금 내가 행복해야 한다. 아이와 마찰이 일어나는 대부분의 지점에는 부모의 문제가 있다. 자신이 언제 어떤 감정을 느끼고, 왜 그렇게 생각하는지, 무엇을 즐거워하는지 하나씩 되돌아본다.

+ 아이에게 화내지 않는 법

부모가 아이에게 화를 내는 이유는 2가지다. 우선, 이성이 본능을 이기지 못하기 때문이다. 인간의 뇌는 자신이 생각했던 대로 일이 풀리지 않을 때 화가 난다고 한다. 본능이 이성을 이겨서 화를 벌컥 내고 나면, 이성이 작동하여 화를 낸 것을 후회하는 일이 반복된다. 또 다른 이유는 자신이 부모에게 당한 그대로 부모가 아이를 대하기 때문이다. 어떻게 화를 내는지는 경험을 통해 배운다. 어린 시절 부모에게 혼났을 때와 똑같이 화를 내는 것이다. 그러나 분노한다고 달라지는 것은 없다. 화를 내는 것은 한순간이지만 관계를 회복하는 데는 몇 배의 노력과 시간이 든다. 그러므로 화를 다스릴 수 있도록 아이에게 어떻게 말할지 미리 생각해둔다. 분노한다고 해서 좋아지는 문제는 없다.

(예) 아이가 물을 엎질렀을 때

- 본능: 왜 이래? 얼른 닦아. 맨날 덤벙대니까 이렇지. 아이쿠, 내가 못살아.
- 이성: 아이고, 물을 엎질렀구나. 가서 행주 가져올래? 엄마랑 같이 닦자. 컵이 깨지진 않았어? 괜찮아? 많이 젖었니? 다음부터는 이 컵을 사용하도록 해.

이런 말이 지나치게 이상적이고 쑥스럽게 느껴질 수 있지만, 연습하면 된다. 부모가 시도 때도 감정이 이끄는 대로 화를 내면 아이는 불안해서 공부도 손에 잡히지 않는다. 따라서 부모는 감정적으로 아이를 대하지 않도록 노력해야 한다.

(예) 아이의 성적이 좋지 않을 때

- 본능: 왜 이거밖에 못 했어? 너 몇 등이니? 공부 시간에 딴짓한 거야?

시험을 망쳤으니 이제 아무것도 사주지 않을 거야.
- 이성: 열심히 한 거 같았는데. 엄만 네가 노력했다는 것이 정말 뿌듯해. 다음엔 더 열심히 해보자. 넌 할 수 있어. 포기하지 마.

겁을 주는 말로 아이를 움직이는 것은 아이가 초등학교 고학년만 되어도 통하지 않는다. 따라서 아이에게 여유롭게 말할 수 있도록 노력한다. 아이를 혼내는 것이 목적이 아니라 성적을 오르게 하는 것이 중요하다는 사실을 기억한다. 그래야 아이는 포기하고 싶은 순간에도 힘을 발휘할 수 있다. 오늘부터라도 미소와 따뜻한 말로 바꿔보는 연습을 한다. 아이에게는 부모의 응원이 가장 큰 힘이 된다.

(예) 아이에게 강요하고 싶을 때

- 본능: 이게 뭐야? 이거밖에 못 해? 이거 해서 뭘 한다고?
- 이성: 이런 선택을 한 데는 이유가 있었을 텐데 이유가 궁금하네. 이후의 계획은 어떻게 돼?

자녀에게 부모의 기대와 생각을 강요해서는 안 된다. 아이들이 무언가를 정해야 할 때 직접 선택하고 스스로 결정해야 한다. 아이에게 자신의 생각을 강요하고 싶을 때마다 아이의 입장에서 생각한다. "이 선택은 내가 한 것이 아니야. 엄마가 내 인생 책임져."

이래라저래라 명령하지 말고 아이가 흥미를 갖게끔 부모가 원하는 방향을 넌지시 이야기하거나 관련 정보가 담긴 책이나 방송을 보여주는 것도 방법이다. 얼마나 자연스럽게 아이를 유도하는지 여부가 부모의 능력이다.

+ 부모가 단단하면 아이는 휘둘리지 않는다

터널을 빠져나온 사람은 터널의 길이와 어둠을 안다. 아이의 자존감은 부모의 영향을 가장 크게 받는다. 그러므로 부모가 자신의 내면을 들여다보며 자기 자신을 찾아야 한다. 그러다 보면 부모와 아이가 함께 성장하게 된다. 아이를 몰아치는 완벽한 부모보다는 조금 덤벙대고 서툴러도 시간을 가지고 아이를 기다릴 줄 아는 느린 부모가 낫다. 그러면 아이의 마음이 편안해지고 자신의 길을 걸어갈 수 있다.

사람은 누구나 완벽할 수 없다. "괜찮아, 잘될 거야"라며 자신 있게 주문을 외운다. 부모가 행복해야 아이도 행복하고 가정이 화목해지므로 부모의 행복을 돌보는 것이 아이의 자존감을 높이는 기반이 된다.

실천 팁!

아이와 함께 할 수 있는 마음 관리

1) 깊은 호흡

- 불안한 마음이 떠오를 때 심호흡으로 몸을 이완한다.
  마음이 편안해진다.
- 나란히 서서 스트레칭한다.
- 몸을 앞으로 숙이면 등 근육이 이완되면서 불안감이 사라진다.

2) 마주 보고 박수 치기

- 엄마와 아이가 마주 서서 서로에게 박수쳐준다.
- 박수치면 혈액순환이 잘되고 기분이 좋아진다.
  큰 소리로 웃으면 더 좋다.

3) 긍정적인 말하기

- 부정적인 말은 긍정적인 언어로 고쳐보게 한다.
- 부정적인 어휘를 많이 쓰면 낙관성이 낮아진다.
- 낙관성이 낮아지면 불안감이 늘어난다.

4) 아이와 감사 일기 교환하기

- 감사한 일 5개를 서로 말해본다.
- 감사한 일을 떠올리기만 해도 스트레스가 감소된다.
- 서로에게 감사하다고 말하고 안아준다.

5장

내 아이를 잘 알아야 잘 지도할 수 있다

1

공부도 자기만의 스타일이 있다

다이어트에도 자신에게 맞는 방법이 있다. 사람마다 체질과 생활 패턴, 성향이 다르기 때문이다. 결국 자신에게 맞는 운동 방법과 식이요법을 찾아내는 것이 관건이다. 공부도 마찬가지다. 아이가 자신에게 잘 맞는 공부 방법을 찾아낼 수 있도록 도와주어야 한다. 그러므로 아이의 특징을 파악해야 한다. 똑같은 교육 방법이라도 아이의 기질에 따라 효과가 달라지기 때문이다. 같은 공부법이라고 해도 득이 되기도 하고 실이 되기도 한다. 사람은 얼굴 생김새만큼이나 다양한 성향을 갖고 있으므로 아이의 성향을 파악해서 집중할 수 있도록 한다.

아이의 성향 파악하기

첫째, 활동형의 아이는 타인을 의식하기 때문에 경쟁을 즐긴다. 이런 아이는 강력한 목표를 설정해주면 좋다. 이번 시험에서 친구를 이기고 싶다든지, 친구에게 멋진 모습을 보여주고 싶다든지, 구체적인 이유를 설정하는 것이 좋다. 활동적인 학생은 대부분 집중력이 약해서 오랜 시간 책상에 앉아 있으면 온몸을 근질근질하다. 그러므로 한 과목을 몇 시간 동안 공부하기보다는 쉬는 시간을 가지며 여러 과목을 공부하는 것이 효과적이다. 이 아이들은 성적 향상이 가장 큰 동기를 부여한다.

둘째, 산만형의 아이들은 무엇을 해도 쉽게 집중하지 못한다. 학원을 다녀온 후에 무엇을 배웠는지 물어보면 친구 이야기나 길에서 본 길고양이 이야기를 한다. 이렇듯 학습 내용보다는 주변 환경에 관심이 많아서 숙제하다 말고 부엌에 드나든다거나 냄비 뚜껑을 열어본다. 이런 아이들은 부모의 눈치를 보느라 공부하는 시늉만 하므로, 막상 책을 펴도 무엇을 공부해야 할지 잘 모른다. 산만한 아이를 지도할 때는 아이가 아는 것과 모르는 것을 정확히 구분해주는 것이 중요하다. 모르는 것보다 아는 것이 많아지면 자신감이 회복되면서 공부의 재미도 느낄 수 있다. 지나치게 산만하다면 전문가의 도움을 받는 것이 좋다.

셋째, 탐구형의 아이들은 "왜?"라는 말을 입에 달고 산다. 학교에서 돌아올 시간인데 집에 오지 않아서 찾으러 나가면 아이 혼자 땅에 쭈그리고 앉아 개미 삼매경에 빠져 있는 식이다. 탐구형은 주로 이과형 아이들이 많으며 학습 면에서 과목별 호불호가 분명하다. 호기심이 많기 때문에 쉬운 문제집을 반복적으로 풀게 하면 흥미를 잃으므로, 어느 정도 난도가 있는 교재를 선택해야 한다. 공부 편식을 막고 지루함을 덜어줄 수 있도록 수학을 2시간 하면 국어는 1시간 공부하는 식으로 정해준다.

넷째, 규칙형의 아이들은 부모가 가장 만족하기 쉬운 유형이다. 하루 종일 의자에 앉아 있어서 오히려 아이의 건강이 걱정될 정도다. 성실하고 부모의 말을 잘 듣는다. 어찌 보면 고지식하고 융통성이 부족한 스타일이기도 하다. 이 아이들은 부모나 선생님이 시키는 대로 잘 따르기 때문에 올바른 방향을 설정해주어야 한다.

집중력의 핵심

아이의 성향을 파악해야 하는 가장 큰 이유는 갈등을 최소화하고 아이를 변화시키고 싶기 때문이다. 지혜로운 부모는 시기별로 아이가 학습 목표를 이룰 수 있게 한다. 아이의 특성을 파악하고 아이가 스스로 해낼 수 있도록 기다려주기 때문이다. 운동을 시작했다고 바로 근육이 생기지는 않듯, 공부도 시작과 동시에 바로 잘할 수는 없다. 아이가 차근차근 반복하여 자신만의 공부법을 만들어가도록 한다.

집중력이 부족한 아이는 없다. 다만 학습에 흥미와 재미를 느끼지 못하는 아이들이 있을 뿐이다. 그렇다면 어떻게 공부에 흥미와 재미를 느끼게 할지 고민해야 한다. 공부에 집중력을 발휘하기 위해서는 힘들고 지겨운 일도 참고 견뎌낼 수 있는 성실함과 자기 조절력이 필요하다.

집중력의 핵심은 스스로 자신을 조절하는 힘에 있다. 집중력을 유지하는 데는 체력, 에너지, 습관 등이 필요하지만 무엇보다 자기 조절력이 중요하다. 좋아하는 것을 하다 보면 집중력을 키울 수 있고, 이를 유지하려면 자기 조절력이 필수다. 내용이 어려워져서 집중하기 힘들어질 때 자신을 다잡을 수 있는 것이 자기 조절력이다. 자기 조절력은 부정적인 감정을 추스르는 것이다. 그러므로 부모도 한번 하기로 결정하면 끝까지 해내는 모습을 보여주어야 한다.

아이의 집중력을 키워주려면 2가지가 필요하다. 첫째, 지나치게 집중력을 강조하지 않고, 공부에 대해 부정적인 정서를 심어주지 않아야 한다. 둘째, 때를 기다렸다가 아이가 긍정적인 동기를 보이는 순간을 놓치지 않아야 한다. 집중력의 동기는 아이의 내부에서 시작되므로 동기 자체를 부모가 주입하려고 애쓰면 오히려 역효과가 난다. 공부할 때는 10분도 집중하지 못하던 아이가 게임 설명서는 1시간 넘게 집중해서 읽는 모습을 보일 때가 있다. 그 순간을 놓치지 말고 진심 어린 믿음을 담아 칭찬의 말을 건넨다. 그 순간을 놓치지 않도록 부모의 관심이 무엇보다 중요하다.

아이의 공부 습관이 자리 잡을 때까지는 아이와 갈등을 빚는 상황에서 감정적으로 대하지 말고 부모가 정한 소신대로 밀고 나가야 한다. 이는 부모가 일관성을 잃지 않고 자기 조절력을 보여주므로 훌륭한 교육이 될 수 있다. 강하지만 단호한 부모의 모습을 보며 아이도 서서히 자기 조절력을 키운다. 집중력을 가진 아이가 자기 조절력까지 갖추면 학습 영역까지 그 능력이 발휘된다.

⊹ 아이 성향에 맞는 공부법 찾기

상위 1%의 성적을 유지하는 아이의 부모는 다르다. 강제로 권하기보다는 실패하더라도 아이 스스로 공부할 수 있는 기회를 꾸준히 제공한다. 그 과정에서 아이의 성향에 맞는 공부 방법을 찾아간다. 부모는 아이와 공부 계획을 같이 세우거나 아이와 소통이 잘되는 선생님을 정해 안정적으로 공부할 수 있는 분위기를 만들어준다.

누군가가 강제로 시키는 것에 거부감이 큰 아이들은 무슨 말에도 적극적으로 움직이지 않는다. 이런 경우에는 시간 단위가 아니라 분량 중심으로 공부 계획을 세우고 실천하게 한다. 오늘 해야 할 것을 정하고 이를 반복시키면서 공부 습관을 만들어간다.

그리고 아이와 매일 대화를 나누면서 아이를 설득하여 반복 학습을 하도록 한다. 부모의 말을 아이가 무시하거나 제대로 듣지 않으면 아이가 좋아하는 선생님이나 친구에게 도움을 청해서 반복 학습의 필요성과 효과를 이해시킨다. 적극적으로 행동하는 성향일수록 꾸준히 설득해야 한다. 이런 아이는 스스로 마음먹고 행동에 옮기면 좋은 성적을 거둘 수 있다. 학원에서 강제적으로 공부 시간을 늘리기보다는 실패하더라도 스스로 공부할 수 있는 기회를 꾸준히 제공한다. 스스로 공부하면서 생긴 문제점을 얘기하고 해결책을 찾는 과정에서 아이의 성향을 파악하고 그에 맞는 공부 방법을 찾을 수 있다.

공부의 흥미를 유지하기 위해서는 자신에게 맞는 방법으로 공부해야 한다. 자신에게 맞는 방법을 찾으려면 여러 공부법을 하나씩 적용해본다. 상위권 아이들은 여러 공부법 중에서 자신에게 맞는 방법을 적용하고 스스로 보완해간다.

+ 누구나 공부를 잘하고 싶다

부모는 내 아이를 누구보다 잘 알고 있다는 자만심부터 버려야 한다. 처음부터 하나씩 알아간다는 마음으로 아이의 모습을 있는 그대로 보려고 노력할 필요가 있다. 그리고 인내심을 가지고 긴 호흡으로 기다려야 한다.

아이가 7살이면 엄마의 육아 나이도 7살이다. 그러나 같은 시간이라도 자녀의 교육에 대해 얼마나 관심을 갖고 어떤 가치관을 갖는가는 사람마다 천차만별이다. 공부법은 사람의 체질을 바꾸는 것과도 같아서 하루아침에 바뀌지 않는다. 그래서 아이가 공부법에 익숙해질 때까지 시간을 충분히 주고 기다려야 좋은 결과를 얻을 수 있다.

실천 팁!

공부 집중력을 높이는 10가지 방법

1. **공부 집중 시간을 정해놓는다.**
집중력을 요하는 주요 과목을 주로 공부하게 한다.

2. **공부 시작 5분 전에는 책상을 정리한다.**
오늘 공부할 과목과 그 과정을 떠올리게 한다.

3. **공부가 잘되는 장소를 미리 확인한다.**
집중이 잘되지 않는다면 공부 장소를 바꿔본다.

4. **휴식 시간을 미리 정해둔다.**
그 시간만큼은 몸과 마음의 긴장을 풀게 한다.

5. **공부 시간에는 휴대폰의 전원을 꺼둔다.**
방해될 수 있는 물건은 치운다.

6. **공부 시작 전에 눈을 감고 길게 심호흡한다.**
정신이 맑아지는 효과가 있다.

7. **한번 자리에 앉으면 계획한 것을 마칠 때까지 일어나지 않는다.**
(휴식 시간 전까지) 돌아다니지 않는다. 간식과 물은 미리 책상에 둔다.

8. **졸리면 한 시간 이내로 잠을 잔다.**
휴식 후 공부를 다시 시작하는 것이 효과적이다.

9. **공부에 집중하는 시간을 30분, 40분, 50분으로 늘린다.**
점진적으로 늘려간다.

10. **필기를 적절하게 활용하는 것이 좋다.**
메모나 노트 정리는 집중을 강화시킨다.

2

공부에 유리한 MBTI 성격 유형이 있다

우뇌 교육의 창시자인 미국 글렌도만 박사는 "모든 아이는 레오나르도 다빈치가 일생에 걸쳐서 사용한 것보다 높은 지능의 잠재력을 가지고 있다"라고 말했다. 무엇보다 아이가 잘할 수 있는 것을 찾아주어야 한다. 지금은 100세 시대다. 2050년대는 평균수명이 120세가 된다고 한다. 이제는 문과, 이과로 나눌 것이 아니라, 자신이 좋아하고 잘하는 것을 찾아야 한다. 자신만의 콘텐츠로 잘하고 좋아하는 것을 선택할 수 있게 해야 한다. 아이의 숨은 능력 찾기가 중요한 것이다.

아이의 숨은 능력 찾기

중학교 때 진로 검사를 해보면 문과 성향이라는데 아이는 이과를 선택하기도 한다. 그러면 고등학교에 진학한 후에 공부를 따라가기가 벅차 중도에 포기할 수도 있다. 중학교 때는 흥미가 유능감을 유발하고 고등학교 때는 유능감이 흥미를 유발하기 때문이다.

아이에게 맞는 능력을 찾아줄 때 뇌 유형은 공부법에 큰 영향을 미친다. 뇌 기능은 성격과 함께 살펴볼 필요가 있다. 대체적으로 여자는 기억을 대뇌피질에 저장하고, 남자는 해마에 저장한다. 또한 여자는 좌뇌와 우뇌를 연결하는 뇌량이 발달해 있고, 남자는 뇌량이 여자보다 얇게 분포되어 있다. 그러므로 성별에 따라서도 공부 방법이 달라야 한다. 물론 개인차는 있지만, 남자와 여자는 생물학적 차이 이외에도 공감 영역과 심리적인 측면에서 차이가 난다.

남자아이들은 게임을 하거나 공부에 집중하고 있을 때 옆에서 말을 걸면 제대로 듣지 못한다. 그렇기에 주의를 집중시켜 눈을 마주친 후에 이야기해야 한다. 또한 여자아이는 일단 공감해주고 이야기를 들어주어야 한다. 남자아이는 공감보다는 해결책을 주어야 한다. 아들과 딸은 여러모로 성향과 기질이 다르다.

부모는 내 아이가 좌뇌가 활발한지, 우뇌가 활발한지 살펴봐야 한다. 아이의 성향을 제대로 파악하고 효과적인 지도 방법을 마련하기 위해서다. 좌뇌는 순차적 사고와 언어, 수리와 같은 이성적 능력을 담당한다. 우뇌는 확산적 사고와 창의력 직관 능력 등 감성적 능력을 주관한다. 초등학교 저학년까지는 확산적 사고를 잘하는 우뇌형 아이들이 공부를 잘하지만, 고학년이 넘어서면 순차적 사고를 잘하는 좌뇌형이 공부를 더 잘한다. 그러나 좌뇌와 우뇌가 균형 있게 발달해야 학습 능력이 조화롭게 향상된다. 한쪽만 유난히 발달되어 있고 다른 한쪽이 부족하면 효과적인 학습이 이루어지기 힘들다.

예를 들어 독서 지도를 할 때에도 아이가 좌뇌형인지 우뇌형인지에 따라 접근법이 다르다. 좌뇌형 아이들에게는 감성적인 책을 읽혀서 창의적이고 확산적인 사고를 키워주어야 한다. 한편 우뇌형 아이들에게는 과학 도서 등을 읽혀 체계적인 사고가 가능하게 한다. 좌뇌와 우뇌가 한쪽으로 치우치지 않도록 균형 있게 발달시키기 위해서다.

+ 어떤 성격이 공부하기에 더 유리할까?

MBTI는 융의 심리유형론을 근거로 한 성격 유형 지표다. 4개의 기본 선호 지표를 토대로 16가지 선호 유형으로 나누고, 인간의 행동이 어떻게 형성되는지 이해할 수 있도록 한 것이다. 물론 MBTI 성격 유형이 정답이라고는 할 수 없다. 하지만 성향이나 기질은 갑자기 변하지 않으므로 아이를 파악하여 진로 전략을 세우는 데 참고할 만하다. 아이들의 성격에 따라 공부 방법도 달라지기 때문이다. 같은 부모에게서 태어난 형제, 자매라도 성격과 특성은 각자 다르다.

ISTJ	완벽주의형	ISFJ	책사형	INFJ	예언자형	INTJ	과학자형
ISTP	백과사전형	ISFP	성인군자형	INFP	문학소녀형	INTP	아이디어형
ESTP	활동가형	ESFP	사교형	ENFP	스파크형	ENTP	발명가형
ESTJ	사업가형	ESFJ	친선도모형	ENFJ	언변능숙형	ENTJ	지도자형

첫째, 꼼꼼히 관리해야 하는 유형 | ISFP, INFP, ESFP, ENFP

부모가 앞에서 끌고 가야 하므로 손이 많이 가며, 달달 볶아야 공부하는 유형이다. 성격적으로 문과나 예체능 성향이 강하다. 공부 면에서는 근성이 부족하다. 실행력이 떨어지는 경향도 있다. 따라서 꾸준하고도 세심한 관심이 필요하다. 내향적 성향으로 사회성이 발달되어 있다. 이 유형의 아이들은 특목고에는 다소 적합하지 않다.

둘째, 당근과 채찍을 같이 줘야 하는 유형 | ISFJ, INFJ, ESFJ, ENFJ

부모가 끌어주면서도 내버려둬도 되는 중간형이다. 학생의 성향에 맞게 일정 기간 맞춤형으로 관리해주면 학습 패턴이 잡힌다. 동기를 부여하고 실행력을 키워주는 것이 가장 중요하다. 친구들과 함께 공부하거나 그룹 토의 또는 교사와의 일대일 학습 형태를 선호한다. 부모나 선생님이 칭찬과 격려를 해줘야 한다. 다른 유형에 비해 사교성이 좋아서 기숙사가 있는 고등학교에 진학해도 무방하다.

셋째, 대화를 많이 해야 하는 유형 | ISTP, INTP, ESTP, ENTP

혼자 생각하는 것을 좋아하며 문제의 세부 사항에 관심이 많다. 내적인 사고에 집중하는 것을 선호한다. 전략적이면서도 장기적인 계획을 세우기 때문에 부모와 대화를 많이 하고 꾸준히 관리해야 한다. 목표를 설정하고 뚜렷한 동기를 부여하는 것이 좋다. 진학 전문가들에 의하면 ST는 자사고에, NT는 과학고나 영재고에 진학하는 것이 유리하다고 한다.

넷째, 신뢰하고 지켜봐야 하는 유형 | ISTJ, INTJ, ESTJ, ENTJ

목표를 스스로 설정하며 공부하므로 내버려두어도 알아서 잘한다. 방치형, 방임형이라고 부르기도 한다. 특히 INTJ라면 이과 계통의 과학고에 어울린다. 대체로 특목고에 적합해 보인다. 근성과 뚝심이 있기 때문에 자기주도학습에 가장 적합하며 세밀한 계획과 로드맵이 필요하다. 계획을 세우는 것만으로도 동기를 부여받으며, 과한 꼼꼼증에 빠지지 않도록 하는 것이 중요하다. 반복을 통해 스스로 완벽하다고 느껴질 만큼 공부해야 하는 유형이다.

유형별 학습법과 진로 전략

뇌 기능의 차이와 MBTI 성격 검사는 아이를 객관적으로 이해하여 학습법을 구축하는 데 도움이 된다. 이를 이해하면 학습법과 진로 전략을 체계적이며 객관적으로 구축할 수 있다. 아이의 진로를 설정하기 위해서는 아이의 공부 스타일, 성격 등이 어떤 성향을 가지고 있는지 알아야 한다. 정해진 시간에 동일한 내용을 공부해도 효과적으로 좋은 성적을 받는 방법을 찾아야 아이의 노력이 빛을 발할 수 있다.

실천 팁!

좌뇌와 우뇌, 어떤 기능을 할까?

좌뇌	분석적	논리적	세부적인 시각	수치화
우뇌	창의적	직관적	총괄적인 시각	자유로운 사고

뇌의 기능 차이

1. 좌뇌의 기능

- 언어 뇌
- 좌뇌는 말을 하거나 글을 쓰고 계산하는 등 논리적이고 수치적인 활동과 연결된다.
- 주로 우반신을 조절하면서 논리, 말하기와 쓰기 등의 기능을 담당한다.
- 좌뇌가 발달한 사람의 경우 언어 구사 능력이 높은 편이다.
- 국어나 수학, 영어 등 논리적 사고가 필요한 과목을 공부할 때 좌뇌를 사용한다.

2. 우뇌의 기능

- 이미지의 뇌
- 우뇌는 이미지를 떠올릴 때 사용한다.
- 주로 좌반신을 조절하고 원근감을 느끼는 등 공간 감각과도 연결된다.
- 창의성, 직감과 같은 능력은 모두 우뇌가 담당한다.
- 우뇌가 발달한 사람의 경우 기억하고 있는 것을 이미지화하는 능력이 뛰어나다.

3

아이의 성격을 바탕으로 진로를 선택하고 목표를 정해야 한다

중고등학생을 대상으로 진로 교육 강연을 한 적이 있는데, 어떤 직업을 갖고 싶은지 묻자 30퍼센트 이상의 아이들이 유튜버라고 대답해서 정말 놀랐다. 아이들의 직업관이 변화했음을 실감하는 순간이었다. 진로란 일을 하며 만족감을 느끼고 행복한 인생을 살아가기 위한 과정을 의미한다. 일하면서 행복하기 위해서는 자신의 능력과 특성에 맞는 직업을 골라야 한다. 기성세대들은 좋은 직장에서 많은 월급을 받는 것이 성공의 기준이었기에 직업 만족도는 그다지 중요하지 않았다. 그러나 지금의 아이들은 얼마나 자신의 일에 만족하며 행복을 느끼는지가 성공의 기준이다. 이제 진로 교육도 변해야 한다.

✧ 진로, 아이의 인생

입시 전문가들은 평생을 가져갈 진로가 아니더라도 일단 하나를 정해야 한다고 말한다. 직업에 대해 알아보고 탐색하면서 자신과 맞는지 체험해볼 필요가 있다는 것이다. 나중에 그 직업을 택하지 않아도 진로에 대해 진지하게 고민하는 것만으로도 의미가 있다. 이때 진로 하나당 최소 3개월 정도의 시간을 투자한다. 부모는 아이가 좋아하고 흥미를 느끼는 진로를 같이 탐색해본다.

인간이 왜 각기 다른 진로를 가는지, 어떤 진로 발달 단계를 거치는지 구체적으로 설명한 이론이 있다. 인간은 자신의 이미지와 일치하는 직업을 선택한다. 즉, '나는 이런 사람이야'라고 느끼고 생각했던 바를 살려서 직업을 선택한다는 말이다. 이 진로 발달 과정은 연구 시기와 대상 등 현실과는 거리가 있지만 많은 대상을 연구해서 얻은 결과이므로 참고할 만하다.

슈퍼의 진로 발달 이론에 따르면, 진로는 태어나면서부터 발달하고 성장기(출생~14세), 탐색기(15~24세), 확립기(25~44세), 유지기(45~64세), 쇠퇴기(65세 이상)로 나뉜다. 진로 발달은 인간의 삶과 맥락을 같이한다. 성장기에는 주위에 있는 인물과 자신을 동일시한다. 예를 들어 선생님, 경찰, 스타 등을 보면 그렇게 되고 싶다고 생각하는 것이다. 그러나 점점 학년이 올라가면서 자신이 좋아하고 할 수 있는 일이 무엇인지 알아간다. 그리고 자신의 능력과 한계를 고려하여 진로를 설정하는 단계에 들어선다.

세상에는 다양한 직업들이 있음을 알면서, 자신의 흥미, 적성, 능력, 가치 등을 고려하여 탐색기에 돌입한다. 자신에게 적합한 분야를 찾기 위해 시행착오를 겪고 새로운 변화를 시도한다. 이러한 과정을 반복하며 확립기에 들어서면 자신이 선택한 진로에서 안정성을 확보하기 위해 노력한다. 그리고 자신의 경력을 어떻게 하면 이후의 진로에 연결시킬 수 있는지 고민한다.

⊹ 변화된 진로 교육의 필요성

교육부와 한국직업능력연구원은 '2021년 초중등 진로 교육 현황 조사' 결과를 발표했다. 초등학생의 희망 직업 1위는 운동선수(8.5%)로 3년째 1위를 차지했다. 다음으로는 의사(6.7%), 교사(6.7%), 1인 방송 크리에이터(6.1%), 경찰/수사관(4.2%) 순이었다. 유튜버 등 크리에이터가 5위 내로 진입한 점이 주목할 만하다.

중고등학생의 희망 직업에서 주목할 점은 컴퓨터공학자 및 소프트웨어 개발자의 순위가 매년 상승세를 보이고 있다는 것이다. 4차 산업혁명에 따른 산업 구조의 재편과 코로나 시대의 영향이다. 비대면 플랫폼이 급부상하면서 로봇공학자, 정보보안전문가, AI 전문가, 빅데이터·통계 분석 전문가 등의 직업을 희망하는 학생들이 점점 많아지고 있다.

사회가 변화함에 따라 시대가 요구하는 인재상이 바뀌면서, 우리 아이를 바뀐 환경에 부합하는 창의적 인재로 키우기 위해서는 진로 교육이 필요하다. 진로에 대한 인식과 실천에도 변화가 불가피하다. 예전에는 대체로 부모의 영향을 받아 진로를 선택했고, 장기적인 관점에서 진로를 설계했다. 그러나 지금은 혼돈스러울 정도로 사회의 변화가 역동적이어서 장기적인 안목에서 일생에 걸쳐 진로를 설계해야 한다.

김태원 구글 코리아 전무가 뉴노멀 시대를 위한 인재와 교육에 관해 강연했는데, 미래의 인재는 "새로운 도구를 사용할 줄 알아야 하고, 이 도구를 과거와 다른 방식으로 다룰 줄 알아야 한다"고 했다. 창의력과 협업 능력, 데이터와 기술 구사력, 인문학적 통찰력의 중요성도 역설했다.

노동시장의 변화는 진로 교육의 필요성을 더 가속시키고 있다. 과거에는 명문대 졸업은 곧 좋은 직장이라는 인식이 대부분의 사람들에게 일괄적으로 적용되었다. 그러나 지금은 고용 없는 성장의 시대라서, 신규 채용 인원이 줄고 새로운 직업이 탄생하는 등 인생의 진로가 다양해지고 장기적인 진로 설계가 쉽지 않아졌다. 따라서 능동적으로 진로를 개척하는 능력이 중요해지고 있다. 일의 형태도 바뀌었다. 코로나19로 인해 학교에서는 원격, 비대면 수업이 일반화되었고, 공공기관, 대기업, IT기업을 중심으로 재택근무가 확산되었다. 현재 마스크를 벗은 시점에도 쉽사리 바뀌지 않을 것으로 보인다.

진로를 위해 필요한 교육

인간은 태어나서 삶을 마감할 때까지 직업을 가지고 생활한다. 진로 교육은 한 인간의 삶 전체에 영향을 미치기 때문에 간단히 결정할 문제가 아니다. 그러므로 우선 자신에 대한 긍정적인 자아감을 갖도록 하는 교육이 필요하다. 아이에게 스스로 계획한 일을 해내는 경험을 통해 자존감을 높여주면 삶을 살아가는 데 엄청난 원동력이 된다. 아이에게 필요한 것을 부모가 알아서 다 해주면 이런 경험을 하지 못한다. 내면부터 단단한 아이로 자라도록 하려면 아이 스스로 목표를 정하고 계획하고 실행하도록 지켜봐야 한다.

또한 일에 대해 긍정적인 가치관을 형성하는 교육이 필요하다. 내가 하는 일이 얼마나 의미 있고 가치 있는 것인지 긍정적으로 생각하는 습관을 길러준다. 당장 하기 싫은 일이라도 그 안에서 성장할 수 있는 요소를 찾아낸다. 이런 경험이 쌓이면 진로를 설계할 때 선택지가 더욱 넓어지기 때문이다. 내일의 목표를 정하고 목표를 달성하기 위해 노력하게끔 하는 것도 진로 교육이라 할 수 있다.

마지막으로, 다양한 일과 직업 세계를 이해할 필요가 있다. 4차 산업혁명 시대를 맞이하면서 과거에는 없었던 직업이 생겨났다. 20세기에 있었던 직업의 50%가량은 미래에 사라진다는 말도 있다. 이러한 환경에서 아이들이 자신에게 적합한 진로는 무엇인지 알기 위해, 다양한 직업군을 이해하고 자신에게 접목시켜보는 교육이 필요하다. 이제 진로 교육은 평생에 걸쳐 이루어져야 한다.

✢ 진로 설정은 꼭 필요하다

영원한 인기학과도, 비인기학과도 없다. 4차 산업혁명 시대는 "과학기술 간의 경계, 실재와 가상현실의 경계, 기계와 생명의 경계가 희미해지는 시대"라고 한다(조현국, 2017). 그러므로 4차 산업혁명 시대를 적극적으로 준비하고 이에 대응할 수 있는 미래 교육이 필요하다. 평균수명 120세라는 노령 사회에 대비하여 아이들에게 창의적 진로 개발 역량과 안목을 길러주는 진로 교육이 필요하다.

실천 팁!

슈퍼의 진로 발달 이론

진로가 달라지는 이유

1. 사람마다 능력과 흥미와 성격이 다르다.
2. 사람마다 특성의 차이가 있다.
3. 각 직업에 요구되는 능력이 다르다.
4. 인간의 자아 개념과 능력 직업에 대한 선호도가 다르다.
5. 단계별 진로 발달 과정이 다르다.
6. 개인의 진로 유형은 개인의 정신적 능력과 부모의 사회경제적인 영향을 바탕으로 한다.
7. 아이의 능력 계발을 도와주거나 자아 개념 발달을 촉진시키는 과정이 다르다.
8. 진로 발달 과정에서 자아 개념을 발견하고 발달시키는 직접적인 행동이 다르다.
9. 능력, 흥미, 성격, 가치관에 맞는 진로를 찾는지에 따라 만족감이 달라진다.

기본 요인

- 개인은 능력, 흥미, 성격 면에서 각기 차이점이 있다.
- 개인차로 인해 각각 적합한 직업적 능력을 가지고 있다.
- 각 직업군에는 요구되는 능력, 흥미, 성격이 있다.
- 진로 발달은 성장기, 탐색기, 확립기, 유지기, 쇠퇴기의 과정을 거친다.
- 직업과 인생의 만족은 능력, 흥미, 성격 및 가치가 실현되는 정도에 따라 다르다.
- 사회 자아 개념과 현실 간에 타협한다.

진로 발달 단계

성장기(출생~14세)	아동기, 자기에 대한 지각을 하고 직업에 대한 기본적인 이해를 한다. (환상기, 흥미기, 능력기)
탐색기(15~24세)	청소년기, 자아를 검증하고 역할을 수행한다. 적합한 직업을 탐색한다. (잠정기, 전환기, 시행기)
확립기(25~44세)	청년기, 적합한 분야를 발견하고, 안정적인 생활을 유지하도록 노력한다. (수정기, 안정기)
유지기(45~64세)	중년기, 직업 세계에서 위치가 확고해지고 안정된 삶을 살아간다.
쇠퇴기(65세 이후)	노년기, 정신적·육체적으로 기력이 쇠퇴하면서 직업전선에서 은퇴한다.

4

아이의 강점에 기반하여 가르쳐야 더 크게 성장한다

강점은 천재성과는 다르다. 수학은 빵점이지만 그림 그리기를 좋아하고 공간 능력이 탁월한 아이에게 부모는 미술을 권유했다. 다른 부모는 아이를 변호사로 키우고 싶었지만 아이가 컴퓨터에만 몰두하자 컴퓨터 선생님을 소개시켜주었다. 훗날 수학은 못해도 공간 능력이 탁월했던 아이는 피카소가 되었고, 컴퓨터만 좋아하던 아이는 빌 게이츠로 성장했다. 사람은 누구나 강점이 다르며 나타나는 시기와 발달 면에서도 차이가 있다. 아이의 강점에 집중하는 것은 아이의 인생에서 매우 중요하다.

+ 강점 키우기

미래학자 다니엘 핑크는 하이콘셉트와 하이터치 시대가 올 것이라고 했다. 하이콘셉트란 예술적·감성적 아름다움을 창조하며,

트렌드와 가치를 감지하고 스토리를 만들어내는 능력을 말한다. 아이디어들을 결합해서 뛰어난 발명품으로 만들어내는 능력을 가리키기도 한다. 하이터치란 공감을 이끌어내는 능력으로, 인간 관계의 미묘한 감정을 이해하고 다른 사람을 즐겁게 해주는 능력이다. 이제는 스토리나 감동이 없는 정보는 의미가 없다.

미국의 발달심리학자이자 하버드 교육대학원 교수인 하워드 가드너는 인간의 능력을 신체를 자유롭게 활용하는 신체 운동 지능, 논리적이고 수리적인 문제를 해결하고 추론하는 논리 수학 지능, 타인의 얼굴이나 목소리, 몸짓 등을 보고 공감하는 인간 친화 지능, 다양한 생물체의 특징을 파악하고 돌보는 자연 친화 지능, 자신의 장점과 단점 등을 객관적으로 파악하고 주도적으로 관리하는 자기성찰 지능, 음악적 표현 형식을 지각하고 창조하는 음악 지능, 언어를 효과적으로 구사하는 언어 지능, 시각적, 공간적 세계를 정확하게 인식하고 이를 변형하고 재창조할 수 있는 공간 지능으로 나누었다.

다중 지능 이론에 의하면, 사람은 누구나 고유의 지능 프로파일을 갖고 있다고 한다. 세상의 모든 아이에게는 강점 지능이 잠들어 있다는 것이다. 부모는 이를 어떻게 발견하고 키워야 할지 고민해야 한다. 세계 최고의 물리학자로 성장한 아인슈타인에게 숨어 있던 재능은 바로 논리 수학 지능이었다. 피카소는 글쓰기와 수학을 어려워했지만 그림 실력이 뛰어났다. 간디는 운동과 예술 분야에 취약했지만 언어 지능이 탁월했다. 이들의 공통점은 자신의 약점을 보완하려 애쓰기보다 강점을 계발하려 노력했다는 점이다. 그러므로 우리 아이의 잠재력인 강점 지능에 날개를 달아주어야 한다. 평범해 보이는 아이도 자신의 재능을 발견하면 열정과 에너지가 생기고 비전과 목표를 갖는다.

아이는 서로를 비교하며 못하는 것에 집중한다. 그러나 성숙한 사람은 자신이 잘하는 일에 초점을 맞춘다. 그러므로 아이가 자신이 가진 강점에 집중하고 전문성을 기르는 데 시간과 에너지를 쏟게 한다. 그리고 스스로의 장점과 강점을 잘 알고 그것을 말로 표현할 수 있도록 한다.

강점 지능을 알면 아이의 미래가 보인다

강점 지능은 다양한 경험을 먹고 자란다. 그러므로 초등학교 저학년까지는 다양한 경험을 통해 8가지 지능이 골고루 발달할 수 있게 도와주어야 한다. 청소년기가 되면 강점을 계발할 기회를 주어야 한다. 그리고 강점 지능을 학습과 경험을 통해 확장해 나간다. 예를 들어, 공간 지능에 두각을 나타내는 아이에게는 로봇 조립, 그림 그리기 등의 경험을 제공한다. 관심 분야의 멘토를 소개해주는 것도 좋다. 모든 과정에서 부모는 아이의 선택을 존중하고 격려하고 지지한다. 안정된 정서는 강점 지능을 발견하고 더 확고하게 키워나갈 수 있게 도와주기 때문이다.

아이의 강점은 호기심과 탐구심, 흥미의 형태로 나타난다. 호기심의 기회를 제한하면 자신이 좋아하고 가치 있게 여기는 대상을 발견하기 어렵다. 아이가 어떤 것을 좋아하는지, 어떤 것에 재능이 있는지 알고 싶다면 심심한 시간을 허락해야 한다. 아이가 심심할 때 만들어내는 놀이를 관찰하면 무엇에 관심을 가지는지 알 수 있고, 관심이 가진 일에는 재능이 있을 가능성이 높다. 아이가 꾸준히 반복하는 놀이가 아이의 강점 능력일 수 있다는 것이다. 부모는 아이의 잠재력을 온전히 믿고 관찰하는 자세를 갖는다.

강점, 장점을 아는 게 왜 어려울까?

부모는 아이가 좀 더 완벽해지길 바란다. 그래서 아이의 문제점은 쉽게 발견한다. 반면에 아이의 강점과 장점을 찾는 것은 어렵게 느껴진다. "당신의 단점은 무엇인가요?"라고 묻는다면 어렵지 않게 대답하지만, 장점을 묻는다면 금방 떠오르지 않는다. 이렇듯 자신의 장점과 강점을 잘 아는 사람은 흔치 않다. 내 아이도 마찬가지다.

안타깝게도 우리 사회는 단점을 발견하고 그것을 개선하는 방향으로 우리를 훈련시켜왔다. 국어가 90점이고 수학이 70점이면 수학 공부를 시키고, 국어가 70점이고 수학이 50점이면 수학 공부를 하게 하는 식이다. 상대적으로 못하는 것에 집중하여 이를 잘하게 만들기 위해 많은 에너지를 쏟는다. 그 결과, 두루두루 잘하는 이상적이고 평균적인 사람으로 자란다. 이렇게 단점을 보완하는 삶은 재미가 없으며 수동적이기 쉽다. 단점은 내가 원하거나 재미있는 것이 아니기 때문이다.

아이의 강점을 알기 위해서 아이와 대화하면서 각자가 가진 빛깔과 장점은 다르다는 것을 인정한다. 자기가 남과 다르게 특별한 장점을 가지고 있다는 것을 알면 스스로를 더 많이 사랑하게 된다. 유능감을 느끼기 때문이다. 부모는 누군가가 아이의 장점에 대해 물었을 때, 아이의 장점을 술술 말할 수 있도록 연습해 본다. 부모가 아이를 부족하게 바라보고 문제점만 찾으려고 하면, 아이도 자기 자신을 문제아로 생각한다. 반대로 큰 가능성을 지닌 원석으로 바라보면 아이도 자신을 원석으로 바라본다. 부모는 아이의 자존감을 비춰주는 자존감 거울이다.

+ 아이의 강점 지능을 찾는 방법

연세대학교 김주환 교수는 "학교 교육은 아이들의 장점에 집중하지 않으므로, 부모가 아이들의 장점에 집중해야 한다"고 강조했다. 단점에 집중하면 아이들의 마음이 작아지고 낮아지고 약해지면서 마음의 근력이 줄어든다고 한다. 아이가 가장 잘하는 것에 초점을 맞추라는 것이다. 장점 찾기는 아이의 낙관성과 회복 탄력성을 키운다. 뇌의 긍정적 정보 처리를 활성화시키기 때문이다. 부모와 아이가 서로 장점을 발견하는 시간을 갖고, 서로가 말하는 장점에 귀 기울인다.

아이의 강점 지능을 찾으려면, 첫 번째로 아이가 좋아하는 것을 찾아낸다. 무언가를 좋아한다는 것은 관심이 많다는 뜻이고, 관심이 많은 것에 재능이 있을 가능성이 높다. 진로 지도 강좌를

20년간 진행한 교육 전문가가 알려준 아이디어인데, 아이와 도서관에 가서 읽고 싶은 책만 가져와 읽게 하고 2~3년간 그 목록을 쭉 적어서 독서록을 만들었다. 그랬더니 아이가 역사서에 관심이 많다는 사실을 알았다. 지속적으로 좋아하고 관심을 가진 것이라면 강점 지능일 가능성이 높다.

둘째, 흥미를 가지고 있다면 집중해서 하게 한다. 한 가지를 열심히 해서 그 수준이 올라가면 이에 따라 전체적인 수준도 올라가는 효과가 나타나기 때문이다. 큰아이는 유치원에 갈 무렵부터 자동차에 많은 흥미를 보였고, 고학년이 되지 자동차와 관련된 기계에도 관심을 가지고 책을 찾아보았다. 그러더니 전자 제품 등 관심사가 하나씩 늘어 그쪽 분야로 진로를 잡고 공부하고 있다.

셋째, 스스로 목표를 세우게 한다. 처음에는 단기적 목표지만 단기적 목표가 쌓여서 인생의 장기적 목표가 된다. 장기적 목표를 갖고 있는 아이는 그 목표를 향해 나아갈 수 있다. 자신이 가장 잘하는 것을 하기 때문에 자신의 능력을 십분 발휘할 수 있다. 흥미를 가진 분야에서는 남들보다 뛰어난 능력을 발휘하게 되므로 그만큼 성공할 확률이 높다.

강점의 효과

자신의 강점을 잘 활용하면 다른 영역으로 전이되어 유능감과 자신감을 느낀다. 그리고 자신의 잠재된 능력을 믿고 책임감을 갖는다. 자신만의 세계를 가지고 건강하게 성장한다.

부모는 아이가 생활 속에서 자신에게 맞게 판단하고 선택하는 연습을 하게끔 환경을 마련해준다. 부모의 태도에 따라 아이는 자신을 능력 있고 책임감 있는 존재로 여길 수 있다. 아이의 강점을 극대화하는 다양한 경험을 제공하기 위해 부모는 늘 열린 마음으로 주변을 살펴야 한다.

실천 팁!

아이의 강점을 찾기 위한 관찰 방법

1	아이를 설명하는 단어 적어보기	아이를 설명하는 단어를 노트에 적어보기 예) 착하다, 게으르다, 느긋하지만 친절하다, 활발하다, 밝다, 잘 삐친다, 집중력이 좋다
2	아이의 물건 생각해보기	아이가 갖고 노는 물건을 잘 살펴보기 예) 가장 좋아하는 물건은 무엇인지, 무엇을 하며 시간을 보낼 때 행복하다고 느끼는지
3	아이의 무의식적인 행동 관찰해보기	아이가 노는 것을 관찰하기 예) 아이가 즐기고 진심으로 좋아하는 것 성격, 버릇
4	부모의 강점 알아보기	부모 스스로 관찰하고 돌아보는 행동 예) 부모가 내향적이라면 아이도 내향적일 확률이 높음
5	아이가 동경하는 대상 알아보기	아이가 동경하며 존경하는 대상을 알아보기 예) 동경의 대상을 통해 아이의 강점과 성향을 엿볼 수 있음

6장

아이의 자기주도력을 길러주는 법

1

아이에게 용기를 주어야 한다

미래는 불안하고 불투명하다. 우리 아이들은 알파고와 함께 살아가야 한다. 인공지능의 등장으로 인해 로봇에게 일자리를 빼앗길지도 모른다. 반면 일상이 더 편해질 거라며 인공지능의 등장을 반기는 사람도 있다. 어쨌든 우리의 삶에 인공지능이 더 깊숙이 들어올 것은 명확한 사실이다. 중요한 것은 일자리에 대한 걱정과 두려움이 아니다. 인간으로서 어떻게 이 상황을 대처해야 하는지가 관건이다. 아이들에게 가르쳐야 하는 것은 두려운 상황에서도 무엇이든 할 수 있다는 용기다.

조승연 작가는 "AI의 출현으로 인간 고유의 능력을 발휘할 수 있는 제2의 르네상스 시대가 열리지 않을까?"라고 말했다. 인간은 인공지능을 진두지휘할 능력이 있다. 그러므로 변화를 두려워하지 말고 무엇이든 할 수 있다는 용기만 있으면 상황에 대처할 수 있다. 실패하더라도 툭툭 털고 일어날 수 있어야 한다.

용기 있는 아이로 키우기 위해서는 아이의 자존감을 키워주어야 한다. 자존감은 자신에 대한 믿음과 사랑이다. 용기도 자존감에서 나온다. 할 수 있다는 자기 유능감이 있으면 아이의 눈과 얼굴에 생기가 돈다. 꿈이 가득하기에 좌절 앞에서도 다시 일어날 수 있다. 자신을 믿고 있기 때문에 알파고 뒤로 숨지 않는다.

이런 아이로 키우려면 부모는 아이를 칭찬해주고, 존재만으로도 예뻐해야 한다. 아이의 노력을 칭찬해주면 칭찬받은 아이들은 계속 무언가를 시도하며 도전을 멈추지 않는다. 이렇게 용기를 낼 수 있는 근본인 자존감은 부모의 칭찬으로부터 자란다.

가정교육의 바이블이라고 일컬어지는《칼 비테의 자녀 교육법》의 저자는 어렸을 때 주위 사람들로부터 바보 소리를 들었다고 한다. 그러나 아버지의 가정교육 덕분에 16세 때 법학 박사 학위를 취득했고, 베를린 대학의 법학과 교수가 되었다. 칼 비테의 아버지는 아이를 격려하고, 아이가 남을 격려하도록 가르쳤다. 누군가가 자신을 격려해주면 용기가 생기고, 다시 도전할 수 있다. 그런 경험을 하고 나면 다른 이에게도 똑같은 영향력을 미칠 수 있다. 칭찬과 격려는 받아본 사람만이 줄 수 있다. 칭찬은 아이가 자신의 능력을 믿게 하는 뿌리다.

그리고 부모가 아이에게 긍정적인 힘을 심어주어야 한다. 아이가 시험이나 어려움 등으로 부담감을 느낄 때, 부모는 아이의 마음이 편안해질 수 있도록 두려움을 줄여준다. 그러려면 아이의 단점보다는 장점을 부각하고, 아이에게 긍정의 메시지를 들려준다. 이를 구체적인 이미지를 동원하여 전달하면 좋다. 올림픽 출전 선수들의 '심상화 훈련'도 같은 원리다. 특히 아이에게 용기를 북돋아주는 말을 들려주면 아이는 다시 기운을 낼 수 있다.

아이를 용기 나게 하는 말

지금 많이 불안하구나. 그래, 그럴 만도 하지. 엄마도 정말 떨릴 것 같아.
잘할 수 있을 거야.
엄마가 하는 이야기를 머릿속으로 잘 그려봐!
시험 보느라 정말 힘들겠다. 너무 고생했어.
피곤하고 지치지?
이걸 다 끝내다니. 정말 멋지다!
오늘 해야 할 일을 내일로 미루지 않고 끝내려고 하다니 정말 훌륭하다.
엄마는 네가 매일 밤 졸린 눈을 비비며 힘들게 공부하는 모습을 지켜보려니 영 마음이 아파.
시도해보고 안 되면 그때 또 방법을 수정해도 되니까. 기회는 이번뿐만이 아니야.

아이를 지켜보고 공감해주며, 개선 사항이 있으면 몇 가지 선택지 중에서 아이가 스스로 결정하게 하고 같이 조율해간다.

미국 하버드 교육대학원 교수이자 발달심리학 전문가인 토드 로즈의 어머니는 늘 이런 말을 했다고 한다. "토드가 하버드 대학교에 입학해서 교수가 되어 학생을 가르치게 될 거라고는 생각도 못 했어요. 이렇게 멋진 일을 하는 건 불가능하다고 생각했어요.

하지만 토드가 좋은 사람이 될 거라고는 믿었습니다." 이런 믿음이 토드 교수가 성공하는 데 밑거름이 되었다고 한다. 믿고 또 믿어주는 부모의 끝없는 신뢰가 공부 못하는 아이를 성공적인 삶으로 이끈 것이다.

수능 만점자의 학부모가 어떤 유형인지 조사했다. 그 결과, 수능 만점자의 학부모 중 73.3%는 자식을 믿고 지지해주었고, 시험이 끝나자마자 아이에게 성적표를 가져오라며 압박하는 경우는 거의 없었다. 이는 수험생을 둔 부모의 태도가 자녀의 공부 습관과 좋은 성적에 얼마나 큰 영향을 미치는지 보여준다. 부모가 아이를 칭찬하고 믿고 기다려주는 태도는 정말 중요하다.

하루는 아이가 진학한 학교가 내신에 불리하다며 자퇴를 고민한다고 이야기했다. 놀랐지만 온전히 아이의 입장에서 생각하려고 노력했다. 아이는 좋은 대학에 진학하기를 원했는데, 잘할 수 있을지 불안했던 모양이다. 아이가 너무 힘들어하는 날에는 다른 학교로 옮기라고도 이야기해주고, 의연하게 대하며 칭찬과 격려를 아끼지 않았다. 그렇게 지켜본 결과, 결국 포기하지 않고 다시금 최선을 다하고 있다.

이렇게 아이가 좌절하거나 상처받을 때 부모가 필요하다. 힘들어할 때 손을 내밀어주고 따뜻하게 감싸 안아주면 아이는 다시 일어날 수 있다. 부모는 아이의 든든한 지원군이 되어야 한다. 아이가 넘어졌을 때 다시 도전하게 될지, 좌절해서 주저앉을지는 부모의 태도에 달렸다.

2

학교 성적은 자기 긍정감에 큰 영향을 미친다

학교 공부는 아이의 자기 긍정감에 큰 영향을 미친다. 그러므로 공부에서 좌절을 느끼면 아이의 자기 긍정감은 떨어진다. 수업 내용을 이해하지 못하면 공부에 대한 의욕도 점점 사라진다. 학업 성취도 면에서도 다른 아이와 차이가 벌어지고 아이의 학교생활 전반에 영향을 미친다.

미국의 심리학자 에릭 에릭슨은 6~12세의 아이들이 겪는 기본 갈등을 근면성 대 열등감이라고 정의했다. 이 시기는 초등학교 시기와 일치하는데, 이 시기의 아이들은 열심히 노력하는 일을 통해 성취감을 느낀다. 그러므로 노력한 만큼 결과를 얻지 못하면 열등감을 느낀다. 그래서 부모가 아이의 공부에 관심을 갖고 도와줘야 하는 것이다. 열등감은 아이의 자존감을 갉아먹고, '나는 해봤자 안 돼'라고 생각하게 만든다. 아이가 학교에서 공부를 잘하고 있는지, 학교에서 요구하는 성취 기준을 잘 따라가고 있는지, 유심히 살펴볼 필요가 있다.

윤홍균은 《자존감 수업》에서 자존감의 3가지의 축을 설명한다. 자신을 쓸모 있게 느끼는 자기 효능감과 자기 마음대로 행동하고 싶어 하는 자기 조절감, 그리고 안전함을 느끼는 자기 안전감이 그것이다. 자존감의 기본 축 중에서 학교 공부는 아이의 자기 효능감과 연관이 깊다. 학창 시절의 공부는 선택의 문제가 아니며 매일같이 해내야만 하는 과업이다. 초등학교 3~4학년부터 교과목의 종류에 따라 수업 내용 이해도에 차이가 나는데, 아이가 교과 내용에 어려움을 겪기 시작하고 좌절 경험이 누적되면 학습 의지가 꺾여서 공부 자체를 포기해버릴 수 있다.

학교 공부를 잘하지 못하면 아이들은 자신이 이 교과목을 못한다고 인식하거나, 공부해도 어차피 모를 것이라 단정짓고 공부에 흥미를 잃어버리거나, 모른다는 생각이 이미 자리를 잡았기 때문에 교과목을 더 어렵게 느낀다. 악순환이다. 아이의 머릿속에 공부는 어렵고 지루한 것이라는 인식이 또렷이 박혀버린다. 그러면 아이의 표정이 어두워지고 신경질적인 행동을 자주 보이거나 반항한다.

반대로 과업을 잘 수행해서 공부에서 성취감을 느끼면 아이는 스스로 뿌듯함을 느낀다. 아이의 자존감을 위해서라도 학교 공부는 꼭 해내야 하는 과업인 것이다. 아이가 하루하루 이 과업을 완수하게끔 부모의 관심이 필요하다. 아이가 배운 내용을 잘 익히면 분명 자신감을 갖고 공부를 계속할 것이다. 자기 효능감이 생긴 아이는 적극적으로 생활을 주도해나간다. 스스로 노력하고 성취해본 경험이 자신감을 높이고 자존감을 키워주었기에, 어려운 일이 닥쳐도 자신의 힘으로 헤쳐나가려 한다.

부모가 맞벌이라면, 저녁에 아이의 공부를 확인해준다. 아이와 함께 시간표를 만들어 아이가 규칙적으로 공부할 수 있도록 한다. 자신이 계획한 시간표를 지키면서 스스로 공부하는 힘을 기를 수 있다. 아이가 힘들어해도 부모는 직접 개입하는 대신 뒤에서 지켜보고 지지해주며 스스로 할 수 있도록 이끌어준다.

자기주도학습을 습관으로 익히려면 부모의 관점이 중요하다. 무작정 아이에게 공부하라고 강요해서는 안 되며, 아무 생각 없이 학원 스케줄대로 공부하는 아이로 만들어서는 안 된다. 공부의 주체가 아이임을 인식하고 스스로 공부하도록 해야 한다.

그러려면 매일 아이가 해낼 공부 양과 독서 목록을 제시한다. 그 계획에 따라 해냈는지도 살펴본다. 가족이 함께 공부하는 분위기를 조성하면 더 좋다. 부모가 아이가 하는 공부를 모두 알 필요는 없다. 아이가 독립적으로 공부하게끔, 부모는 도움이 필요하면 언제든지 이야기하라고 언급하는 것으로 충분하다. 사춘기에 접어들면 아이는 자존심이 강해지고 간섭을 싫어하지만, 그렇다고 부모가 필요 없는 것이 아니다. 아이들은 부모의 도움을 귀찮아하지만 혼자서는 해내지 못할 거라는 두려움을 느끼기 때문이다.

열등감은 공부를 싫어하게 만드는 큰 이유다. 따라서 아이들이 열등감에 사로잡히지 않도록 격려해주어야 한다. 무엇보다 중요한 요소는 습관이다. 공부를 안 하다 보면 점점 공부는 지겨운 것이 된다. 한번 공부하기를 싫어지면 그 습관을 고치기가 어렵다. 기초를 모르면 공부가 싫어진다. 다음 단계로 나아갈 수 없기 때문이다. 학교 공부가 잘 이루어지고 있는지 살펴보고 적절한 칭찬과 격려를 해주기만 하면 된다. 열심히 공부한 결과 지난번보다 점수가 오르면 아이는 성취감을 느끼고, 일단 성취감을 맛보면 다음에는 더 잘하고 싶은 욕심이 생긴다. 이렇게 스스로 학습행동을 강화하게 만드는 것이 효과적이다.

3

욕심이 앞서 무리한 계획을 세우지 않는다

계획표가 없으면 현재 아이가 어느 정도 공부하고 있는지 제대로 파악하기 힘들다. 영어를 시작해야 할 것 같아서 영어 학원에 보내고, 옆집 아이가 논술 학원을 다닌다고 해서 논술 학원을 보내서는 공부가 체계적으로 이루어질 수 없다. 아이는 지칠 뿐이고 성적도 오르지 않는다.

부모에게 주어진 자원을 효율적으로 사용하기 위해서는 아이의 계획표가 필요하다. 영양사 선생님이 짜는 균형 잡힌 식단표처럼, 아이의 체계적인 공부를 위해서 공부 계획표가 있어야 한다.

한편 계획표는 욕심이 앞서 무리한 계획을 세우지 않도록 한다. 욕심이 많은 아이들은 종종 무리수를 둔다. 그래서 주말을 빼고 노는 시간이 하나도 없는 계획표를 짜기도 한다. 부모가 아이와 함께 계획표를 만들면 효과적으로 자기 시간을 관리하는 법을 알려줄 수 있다. 아이가 계획을 세우고도 실천하지 못한다면 시간을 어떻게 활용하고 있는지 스스로 점검하게 한다. 학교와 집에서 언제, 무엇을 했는지 꼼꼼하게 적어보면 좋다. 이때, 아이는 자신이 시간의 주인임을 인식하고 자기 시간에 대한 책임감을 가질 수 있다.

아이의 학원 및 학습지를 중심으로 일과표를 적어보면, 공부 시간과 공부법 등 현재 아이가 공부하는 총량을 한눈에 파악할 수 있다. 이를 바탕으로 과목별이나 학기별 학습 계획표를 만들면 된다. 그러면 계획적이고 합리적으로 공부할 수 있고, 불필요한 학원을 줄일 수도 있다.

물론 갑자기 아이들에게 계획표를 만들자고 하면 막연해할 수도 있다. 이럴 때는 하루 일과를 말로 설명하게 한다. 그리고 그에 대한 소감을 나누고 메모하면서 정하면 된다.

하루 일과를 10분 혹은 20분 단위로 짧게 쪼개고 하루 동안 하는 일을 하나도 빠짐없이 적어본다. 기록할 때는 아이가 해낸 일뿐만 아니라 못 한 것까지 상세히 기록한다. 이를 바탕으로 실천 가능한 계획표를 만들고, 그 실천 여부를 확인할 수 있는 목록도 만든다. 처음에는 부모가 아이와 함께 계획표를 작성하고 결과까지 점검하는 것이 좋다. 그리고 아이가 주도적으로 점검할 수 있도록 가르쳐주고 스스로 확인하는 기회를 주면, 점차 습관으로 자리 잡는다.

아이들은 대부분 시간을 계획하는 데 서툴다. 무조건 공부하는 시간을 많이 잡으면 잘 만든 것이라 생각한다. 그러나 좋은 계획표는 실천할 수 있는 계획표다. 거창하게 계획을 잡으면 실천하기가 어렵다. 공부하는 시간, 휴식 시간을 적절히 배합해 시간표를 짜야 계획표대로 실천할 확률도 높아진다. 공부의 목표가 명확할수록 실천력도 높아진다.

아이가 계획표를 짤 때는 다음 사항을 점검해보면 좋다.

1. 계획이 아이에게 맞는가?
- 휴식 시간은 적절한가? (예: 공부 40분, 휴식 5분)
- 좋아하는 과목과 어려워하는 과목의 학습 순서가 잘 배분되었는가?
2. 꼭 필요한 항목이 들어가 있는가?
3. 계획이 구체적인가?
- 공부해야 할 과목의 이름뿐만 아니라 분량, 과목별 시간 구성이 구체적인가?
4. 실천 가능한가? 잘 실천되지 않을 것 같은 부분은 어디인가?

실천을 방해하는 요인이 있다면 없애준다. 몰입을 방해하는 요인이 주변에 널려 있는데도 아랑곳하지 않고 공부할 수 있는 사람은 많지 않다. 아이가 마음먹고도 실천하려고 해도 방해 요소가 많으면 꾸준히 하기 힘들기 때문이다. 아이가 스스로 자제하기 어려운 부분이 있다면 협조를 구하도록 말해둔다. 부모의 일방적인 간섭은 자기주도적인 학습 습관을 형성하는 데 방해가 되

므로, 스스로 자제하기 힘든 유혹은 부모님이 도와주는 것이 바람직하다.

잠자리에 들기 전, 30분 정도의 자투리 시간을 활용하여 아이와 하루 일과를 점검하고 반성하는 시간을 갖는다. 오늘 잘한 일, 하지 못해서 내일로 미룬 일 등을 잠자리에 들기 전에 확인하여 다음 날 계획에 보충할 부분을 반영한다. 주중 스케줄이 빠듯해 모두 소화하지 못했을 경우에는 주말에 이를 보충하여 만회할 수 있도록 시간 계획을 세우게 한다. 한 주간의 계획이 밀리지 않아야 다음 주의 발걸음이 가벼워지므로, 주말을 알차게 활용하는 습관을 길러주면 자기주도학습에 도움이 된다.

계획 없이 무턱대고 하는 공부는 망망대해에서 표류하는 배와 같다. 닥치는 대로 그때그때 주어진 상황에 따라 공부하면 소중한 시간을 낭비하는 셈이 된다. 아이의 판단과 기준에 따라 계획을 세우도록 연습하면 자율성과 실천력을 동시에 높일 수 있다. 생활 패턴을 파악하여 공부가 가장 잘되는 시간대를 찾고, 하고 싶은 일과 어려운 과제의 순서를 어떻게 할지 아이가 파악할 수 있도록 도와준다. 자신만의 패턴을 고려하여 우선순위를 매겨 효과적으로 시간 계획을 세울 수 있도록 하여 세부적이고 구체적으로 계획을 세우면 행동 변화를 일으키는 원천이 된다.

4

아이의 자율성을 키우는 데는 원칙이 있다

자기주도학습의 습관은 생활 습관으로부터 비롯된다. 아이가 자주 준비물을 빼먹거나 등교 시간마다 일어나느라 전쟁이라면 생활 습관을 먼저 고쳐야 한다. 자기 관리 능력은 공부의 가장 기본이기 때문이다. 자기주도 능력은 일상생활에서 자라나고 이것이 곧 학습으로 연결된다. 부모는 아이가 꼼꼼히 자기 일을 야무지게 챙길 수 있도록 살펴주어야 한다.

사전적 의미의 자율은 남의 지배나 구속을 받지 않고 스스로의 원칙에 따라 행동하는 것이다. 아이들은 자신만의 원칙을 세우고 그것에 따라 행동하는 데 미숙하다. 그러므로 아이들은 통제하에서 자율적으로 행동하게 한다. 마음대로 하게 두면 아이들은 어떻게 해야 할지 갈피를 잡지 못한다. 판단이 미숙한 시기이기 때문이다. 또한 아이들도 마음대로 해도 되는 것과 해서는 안

되는 것 사이의 경계가 분명할 때 안정감을 느낀다. 그렇다면 아이들에게 한계를 정해주는 울타리는 어떻게 만들어주어야 할까?

첫째, 대화를 통해 정한다. 무턱대고 금지하거나 명령하는 대신, 하지 말아야 하는 이유를 알려주고 아이와 조율한다. 둘째, 울타리의 범위를 명확히 한다. 아이들도 안 되는 이유를 납득하면 스스로 지키려고 한다. 정해진 경계를 넘지 않는 것이 자신을 지키는 것임을 이해하기 때문이다. 그 범위 안에서 안심하고 자율성을 발휘할 수 있다. 셋째, 대안을 제시해준다. 하고 싶은 마음을 알아주되, 대안을 찾아 설득한다. 이건 안 되지만 저것은 가능하다는 식으로 대안을 주면 자율의 범위를 넓혀줄 수 있다.

아동 발달 심리학자들에 의하면 아이들에게는 민감한 시기가 있어서 일련의 기술을 습득하기가 비교적 쉽다고 한다. 민감기에 아이들은 유난히 어떤 행동에 몰입하는데, 특정한 책을 열심히 보거나 한 가지 행동에 빠진다.

아이는 믿고 이끌어주면 스스로 답을 찾아갈 수 있는 자율적인 존재다. 민감한 시기에 아이가 원하는 것에 초점을 맞추어주면 된다. 그러면 아이들의 자율성을 자라면서 잠재력이 깨어난다. 아이가 좋아하는 것을 부모가 존중해주면 아이는 행복해진다.

자율은 감추어진 자기 자신과의 만남이라고 할 수 있다. 내가 누구인지 알아가는 연습이자 과정이다. 자율성은 반복적 경험을 통해 체득하는 습관이다. 자율이라는 씨앗은 누구에게나 있어서 적당한 물과 양분을 주면 발아해서 뿌리를 내린다. 부모가 격려해주는 안전한 환경에서 아이의 자율성은 싹튼다. 그러므로 부노는 아이들의 목소리에 귀를 기울이고 기회를 주고 한 걸음 뒤에서 믿으며 기다려주면 된다.

두 아이들이 초등학생일 때 유난히 레고에 관심을 보였던 적이 있었다. 눈만 뜨면 블록 놀이를 했다. 한번 놀이를 시작하면 밥도 먹지 않고 조립했다. 그 당시 민감기에 대한 상식이 없었던 나는 블록 놀이에만 열중하는 아이들이 마음에 들지 않았다. 아이들이 책을 읽어야 한다고 생각해서 빨리 끝내라고 야단을 치곤 했다. 이 시기에 아이가 몰입할 수 있는 편안한 환경을 만들어주었으면 더 좋았을 텐데 말이다.

아이들의 자율성을 키우기 위해서는 부모부터 달라져야 한다. 아이가 “사인펜으로 그림 그려도 돼?”라고 물으면 허락할 것이 아니라 “사인펜으로 하고 싶어?”라며 아이의 마음을 묻는다. 그렇게 묻는 것만으로도 아이의 반응은 달라지고 부모가 아이를 진심으로 존중하는 자율이 싹트기 시작한다.

자율의 효과는 놀랍다. 우선 부모가 편해진다. 육아할 때도 여유를 가질 수 있다. 사소한 일까지 허락을 구하고 결정을 맡기던 아이들이 스스로 하면서 여유가 생긴다. 엄마는 중요한 결정을 내릴 때만 도와주면 된다. 아이는 자신의 행동을 통제하고 결정하고 있다는 생각에 열의를 갖고 개성과 창의성, 상상력을 마음껏 드러낸다. 위험하거나 남에게 피해를 주지 않는 범위 내에서 자신이 원하는 대로 해도 괜찮다는 울타리를 부모가 확실히 해주면 아이들은 자율성을 발휘한다.

자율의 진짜 의미	자율을 습관으로 만드는 노하우
뭐든 마음대로 할 수 있는 자유: 방임	아이가 원하는 바를 알게 한다.
울타리 안에서의 자유: 자율	예측할 수 있어야 한다.
울타리를 벗어났을 때: 통제	기회를 줘야 스스로 한다.
자율의 울타리를 세우는 법: 대화로 명확하게	울타리의 경계를 명확히 알려준다.